La Sagesse de l'Astronome

Photo de couverture : Chrystèle Lacène,
détail d'un mur de maison, Diano Castello, Ligurie.
Direction artistique : Patricia Chapuis
Merci à Claire Alméras pour son aide précieuse
à l'édition de ce livre.

94, rue de L'Amiral-Mouchez – 75014 Paris
www.œil9.com

Jean-Pierre Verdet

La Sagesse de l'Astronome

Pour cette aube soudaine,
Je te dédie ces pages,
Sabrina

L'œil neuf éditions

1 L'astronomie vient aux peuples par leurs bergers

Ceux de Chaldée sur leurs plaines brûlées au ciel toujours clair l'auraient inventée pour nous. L'idée d'être l'héritier de Pan plutôt que de Pythagore ou de Platon est certes séduisante ; d'autant que Pan, ce demi-dieu fruste ignoré d'Homère et d'Hésiode, au front cornu et aux pieds fourchus, coureur de Nymphes, après bien des métamorphoses, fut finalement reconnu par la spéculation philosophique comme l'incarnation même de l'Univers, le TOUT (*pan*), sans qu'aucune de ces transformations ne pût toutefois le dépouiller de son caractère pastoral et agreste. Hausser ainsi sa tête jusqu'aux étoiles et laisser ses pieds aux terres dures et sauvages où paissent les troupeaux en marge des terres cultivées et loin des villes : et si la sagesse originelle de l'astronome résidait dans cette dualité acceptée ?

Mais la réalité fut probablement moins bucolique et plus complexe : les vents de sable des déserts avoisinants obscurcissent souvent l'horizon des plaines chaldéennes : circonstance fâcheuse pour une astronomie qui, à ses débuts, se préoccupait plus des levers et des couchers des astres que de leurs culminations. Et les princes et les prêtres s'en mêlèrent très tôt : les uns pour lire dans les astres l'avenir du royaume, les autres pour établir leurs calendriers.

Les progrès de la science astronomique babylonienne ne doivent pas plus aux demandes rudimentaires de l'astrologie que les progrès des mathématiques ne doivent à celles de la mystique des nombres. Les avancées vinrent principalement des exigences autrement contraignantes de l'établissement d'un calendrier. C'est une chance pour les astronomes que les trois cycles chronologiques naturels, le jour, le mois et l'année, soient célestes et… incommensurables : il n'y a un nombre exact de jours ni dans le mois lunaire, ni dans l'année solaire, et il n'y a pas un nombre exact de mois lunaires dans l'année solaire et, qui plus est, ces cycles sont de durées variables. Établir un calendrier, qu'il soit solaire, comme le nôtre, lunaire, comme celui de l'Islam, ou luni-solaire, comme celui des Hébreux, est une tâche ardue. Et c'est pourquoi les astronomes sont devenus les maîtres du temps et, que, aujourd'hui encore, partageant désormais cette royauté avec les physiciens, ce sont eux qui le fabriquent, car si le temps qui nous use n'a nul besoin d'être fabriqué, celui dont nous usons, l'exige. C'est une tâche ingrate, contraignante et même angoissante que de fabriquer une échelle de temps dont la nécessaire continuité ne tolère aucun relâchement.

Certes, un calendrier, qui est un effort pour ordonner le temps, s'il peut difficilement oublier l'écoulement des jours, peut, en revanche, donner congé aux mois lunaires et à l'année solaire; les Aztèques le firent pour leur calendrier divinatoire qui comprenait exactement deux cent soixante jours. Pythagore, pour qui les nombres étaient avant toute chose [1], n'aurait rien trouvé à redire à ce détachement du réel. Encore faut-il savoir à quel besoin vital un calendrier doit répondre: ceux qui sont établis pour l'agriculture doivent tenir compte du rythme des saisons, donc de l'année solaire. Voilà qui nous ramène à Pan.

1. Pour Pythagore, le créateur est « arithméticien », les nombres préexistent au monde, alors que chez Platon (ou Kepler), il est géomètre, ce sont les figures qui sont avant toute chose.

Les Aztèques durent combiner leur calendrier divinatoire de deux cent soixante jours avec un calendrier solaire de trois cent soixante-cinq jours. Or, cinquante-deux années solaires de trois cent soixante-cinq jours correspondent à soixante-treize années divinatoires de deux cent soixante jours : à la fin d'un cycle de cinquante-deux années solaires, les deux calendriers se retrouvaient en phase ! À quoi s'ajoute le fait que, de tout temps, sous toutes les latitudes, les phases de la lune ont frappé les imaginations ; c'est pourquoi nombre de calendriers religieux sont lunaires (celui de Babylone, entre autres). En outre, le mouvement de la lune est d'une rare complexité.

Ainsi, dès les temps anciens, l'astronome ne fut pas ce savant isolé dans sa tour d'ivoire ou dans son ziggourat mésopotamien qui montait à l'assaut du ciel ; il fut, au contraire, un homme de la cité, conseiller du prince et du prêtre, ce qui parfois n'était pas sans danger.

Pour les Babyloniens, la terre et le ciel sont immobiles ; entre eux, nulle sphère mouvante comme celles que les Grecs inventeront. Les astres, boules de feu formées dans les eaux supérieures, entrent et sortent de notre monde par des ouvertures qui s'égrènent sur le pourtour de la voûte céleste. Conduits par les dieux, ils suivent des voies régulières et tracées dans le ciel pour l'éternité. Toutefois, parmi eux, certains se distinguent et suivent des routes incertaines : ce sont les deux luminaires (le soleil et la lune), et les cinq planètes visibles à l'œil nu. Leur errance les destine à annoncer par écrit les événements universels : « moissons abondantes », « inondation ou nuages de sauterelles », « victoire des armes royales sur le pays voisin », « invasion de la cité par des gens de guerre », sont autant d'événements à relier à une configuration céleste. Ainsi « si la lune se couche au moment où Mercure se lève, alors le roi de Phénicie tombe et son ennemi ravage la contrée ». Pas un seul document babylonien[2] de ce type ne touche de près ou de loin à la destinée individuelle d'après les positions des astres lors de la naissance. Les Babyloniens ne s'adonnèrent, semble-t-il, qu'à la prédiction des événements concernant la collectivité, que l'on désigne par le nom savant (et barbare) d'apotélesmatique

2. On préfère aujourd'hui ce qualificatif à « chaldéen », tant les développements de l'astronomie en Mésopotamie sont liés aux heurs et malheurs de Babylone.

universelle. Une origine donc contrastée et ambiguë dont les Grecs vont accentuer la complexité.

La construction de combinaisons de mouvements circulaires pour rendre compte des mouvements célestes distingue fondamentalement l'astronomie théorico-géométrique grecque de l'astronomie empirico-arithmétique babylonienne, fondée sur l'établissement d'éphémérides. Si nous en croyons Simplicius, c'est à la tradition platonicienne que l'on doit la formulation du problème astronomique. Dans son *Commentaire à la physique d'Aristote*, Simplicius écrit: « Platon [...] pose alors ce problème aux mathématiciens: quels sont les mouvements circulaires uniformes et parfaitement réguliers qu'il convient de prendre pour hypothèses, afin que l'on puisse sauver les apparences que les astres errants présentent[3] ? »

L'utilisation de ces systèmes imaginés par les Grecs, qu'aujourd'hui nous qualifions

3. Dernier représentant païen du néoplatonisme au VIe siècle, Simplicius est l'un des plus célèbres auteurs de commentaires sur l'œuvre d'Aristote. Commentaires in *Commentaria in Aristotelem Graeca*, vols. 7-11.

de modèles, est une étape décisive dans le développement de la science : mieux vaut une telle astronomie théorique, quelles que soient les imperfections de ses modèles, qu'une astronomie empirique, quels que soient le nombre et la qualité des observations qui permettent d'en établir les tables. La précision des tables aurait progressé de concert avec celle des observations : nul conflit ne pouvait éclater entre le ciel prévu et le ciel observé, alors que les imperfections – ou simplement les insuffisances (je ne sais plus quel philosophe a disserté sur la fécondité de l'insuffisant) – d'un modèle débouchent toujours sur un conflit avec le réel. Qu'il ait fallu attendre 1 400 ans pour que Copernic jetât bas le modèle géocentrique de Ptolémée n'y change rien. Mais quel était le statut épistémologique de ces combinaisons géométriques ? Dès le début, deux écoles apparurent : ceux qui se contentaient du comment et ceux qui voulaient accéder au pourquoi. En d'autres termes, celle des « fictionnalistes », qui ne demandaient rien d'autre à ces combinaisons que d'être des « modèles » valides sans se préoccuper de leur réalité matérielle (ils n'en voulaient pour preuve que la possibilité de sauver les mêmes apparences avec des combinaisons différentes), et celle des « réalistes », qui connaissaient également ces diverses combinaisons possibles, mais se préoccupaient de savoir laquelle Dieu avait réalisé au ciel.

Quoi qu'il en soit, ce progrès nous le devons aux Grecs, mais nous leur devons aussi le « progrès » de l'astrologie. Car ces Grecs, qui nous ont donné Homère et Platon, Aristote et Phidias, Euclide et Sophocle, Hérodote et Aristophane, ces mêmes Grecs, éperdus de clarté, lisaient l'avenir dans le vol des oiseaux et les entrailles de leurs chiens.

L'astrologie telle que la pratiqueront les Grecs, puis, par l'intermédiaire des Arabes, l'Occident médiéval, devait naître de la rencontre, vers le IIIe siècle avant notre ère, entre la religion astrale chaldéenne et la science astronomique grecque. L'incroyable est que le greffon n'a pas été rejeté et que la greffe a engendré cet arbre bâtard : l'astrologie grecque. La divination, armée de sa causalité fausse, irrationnelle ou aberrante, de ses analogies simplistes et de ses raisonnements métaphoriques, où les « comme » remplacent les « parce que », a emprunté à l'astronomie non seulement ses observations brutes, mais aussi ses principes, ses mesures, ses méthodes de calcul et ses modèles (ce qui aujourd'hui impressionne encore le gogo). En moins d'un siècle, l'astrologie orientale s'est totalement transformée ; en particulier son sanctuaire est devenu la prévision des événements qui affectent les individus, l'apotélesmatique individuelle, ou généthlialogie – réponse dérisoire et désespérée au tourment d'ignorer, désespérée et désespérante, « puisqu'elle prend le risque de substituer à ce tourment d'ignorer, celui de prévoir sans espérer[4] ».

Ptolémée, Grec d'Alexandrie, incarne cette synthèse incroyable, puisque, après avoir écrit l'*Almageste*, bible des astronomes, il publia la *Tétrabible ou les quatre livres des jugements des astres*, bible des astrologues. Livre fascinant qui, dès ses premières pages, nous livre toute l'ambiguïté des rapports entre l'astronomie et l'astrologie, toutes les incertitudes de Ptolémée lui-même. Pour ce dernier, les prédictions astronomiques ressortissent à deux sciences principales. L'une, l'astronomie, qui est la première en ordre et en certitude, par laquelle

4. Cf. A. Bouché-Leclercq, *L'Astrologie grecque*, Paris, 1899, réimpr. Scientia Verlag Aalen, 1979 : un de ces « grands livres » qui, vieux de plus d'un siècle, reste la référence incontournable sur le sujet.

nous trouvons à chaque moment le mouvement du soleil, de la lune et des autres astres, et les aspects qu'ils ont entre eux, ou ceux qu'ils ont envers la terre. L'autre, l'astrologie, par laquelle, suivant les qualités naturelles de ces astres, nous considérons les changements que, selon leur position, ils produisent sur les corps. De ces doctrines, la première a son art qui lui est propre et certain, mais la seconde n'arrive pas, dans son ensemble, à cette certitude. Il lui faut pourtant, dans cette *Tétrabible*, parler de l'astrologie, selon une méthode convenable à la philosophie, de telle sorte que toute personne qui aimera la vérité ne cherchera pas à comparer les arguments de l'une avec la certitude de l'autre. Or, constate Ptolémée, il est ordinaire que les plus difficiles sciences soient mésestimées par les jugements vulgaires, mais si quelqu'un blâme l'astronomie qu'il a exposée dans son *Almageste*, on le doit entièrement estimer aveugle. L'astrologie, quant à elle, peut malheureusement plus facilement tomber sous la censure. En effet, les uns, parce que la conjecture est difficile en quelques cas, l'estiment tout à fait incertaine ; les autres, parce que ses arrêts ne se peuvent éviter, la blâment comme inutile et désespérante[5].

Toutefois astronomie et astrologie étaient condamnées à cohabiter pour des siècles et des siècles. Attaquée comme science, proscrite comme divination et comme magie, anathématisée comme religion, ou comme négation de la religion – encore que plus d'un pape ait tenu à se faire tirer l'horoscope –, l'astrologie a résisté à tout : aux arguments, aux édits, aux condamnations et aux échecs mêmes. Comment a-t-elle survécu au grand désaveu que lui apportait la découverte de la précession des équinoxes ? Car, s'il fut un temps, au IIe siècle avant notre ère, où signes et constellations coïncidaient, la précession des équinoxes, ce lent glissement du cheminement du soleil parmi les étoiles, a joué un vilain tour aux astrologues : en faisant reculer le point où le soleil franchit l'équateur au printemps, elle entraîne les signes des astrologues. Si bien que, de nos jours, un signe astrologique enferme une autre constellation que celle qui

5. Cf. *Manuel d'astrologie, la Tétrabible de Ptolémée*, Les Belles Lettres, Paris, 1993. Quant à l'*Almageste*, il existe une traduction française de l'abbé Halma, sous le titre *Composition mathématique de Claude Ptolémée*, 2 vol., Paris, 1813-1816.

lui a donné son nom. Aujourd'hui, le signe du Bélier recouvre la constellation des Poissons. Fort heureusement pour eux, les astrologues pensent que la zone du ciel où se trouvait, il y a plus de deux mille ans, la constellation du Bélier, garde les vertus efficaces de l'animal!

Autre fait significatif de cette faculté d'adaptation de l'astrologie, et surtout des astrologues: c'est à la Renaissance que, accommodée aux nouveaux dogmes, lorsque la terre «se déroba sous elle», perdant son statut de centre du monde et devenant une errante, comme toutes les autres planètes censées lui signifier son destin, l'astrologie connut une nouvelle jeunesse. Kepler y crut. Comme mathématicien impérial au service de Rodolphe II, sa première tâche annuelle était la rédaction d'un almanach où les prévisions météorologiques, fondées sur les aspects célestes, tenaient une place importante. La comparaison entre la réalité et ses prévisions le désespérait: neuf fois sur dix, elles étaient démenties[6]. Et pourtant Kepler y crut,

6. Les prévisions étaient donc justes une fois sur dix, comme l'a dit Voltaire, avec sa cruauté efficace, «les astrologues n'ont tout de même pas le privilège de toujours se tromper»!

comme projet certes, mais il y crut, en plein XVIIe siècle, à l'aube de la science moderne. Il faudra attendre le siècle des Lumières pour que le divorce soit prononcé entre les astronomes et les astrologues, et que chacun reste chez soi.

Au début du XIXe siècle, en 1824, à la fin de la dernière édition de son vivant de l'*Exposition du système du monde*, Pierre Simon Laplace s'illusionnait sur la fin prochaine de l'astrologie : « L'astronomie, par la dignité de son objet et par la perfection de ses théories, est le plus beau monument de l'esprit humain, le titre le plus noble de son intelligence. Séduit par les illusions des sens, l'homme s'est regardé longtemps comme le centre du mouvement des astres, et son vain orgueil a été puni par les frayeurs qu'ils lui ont inspirées.

Enfin, plusieurs siècles de travaux ont fait tomber le voile qui cachait à ses yeux le système du monde. Alors s'il s'est vu sur une planète presque imperceptible dans le système solaire dont la vaste étendue n'est elle-même qu'un point insensible dans l'immensité de l'espace.

Les résultats auxquels cette découverte l'a conduit sont bien propres à le consoler du rang qu'elle assigne à la terre; en lui montrant sa propre grandeur dans l'extrême petitesse de la base qui lui a servi pour mesurer les cieux. Conservons avec soin, augmentons le dépôt de ces hautes connaissances, les délices des êtres pensants. Elles ont rendu d'importants services à la navigation et à la géographie, mais leur plus grand bienfait est d'avoir dissipé les craintes produites par les phénomènes célestes, et détruit les erreurs nées de l'ignorance de nos vrais rapports avec la nature; erreurs et craintes qui renaîtraient promptement, si le flambeau des sciences venait à s'éteindre[7]. »

Quel mécanicien céleste, ou quel astrophysicien, oserait aujourd'hui une telle envolée ? Bien que le flambeau des sciences ne se soit pas éteint – à peine une découverte fondamentale est-elle annoncée, qu'elle change notre quotidien et que la science appliquée la plus sophistiquée la fait descendre dans la rue, des scanners des hôpitaux aux machines à jouer des bistrots – cependant les astrologues, les devins, les gourous et leurs

7. P. S. Laplace, *Exposition du système du monde*, 5e édition, Bachelier, Paris, 1824.

comptes en banque ont encore de beaux jours devant eux. L'aube ne dissout pas les monstres.

2 La lumière... seule

Ces faibles faisceaux qui tremblent dans la nuit sont l'unique message que les astres nous adressent : d'eux seuls il nous faut tout attendre. Dans l'étude des cieux, l'observation, c'est-à-dire l'investigation et la mesure excluant toute action sur les objets et les phénomènes étudiés, reste la source unique de nos connaissances. Les astrophysiciens ne peuvent qu'observer, échafauder des modèles, en déduire des effets observables et tenter de les débusquer dans le ciel.

Pendant plus de deux mille ans, l'homme n'a observé, à l'œil nu, que la seule et petite partie du vaste rayonnement des astres, que l'on appelle, pour cette raison, le visible. Notre œil, associé à notre cerveau, est un merveilleux instrument d'optique : il collecte les photons à travers le cristallin et forme une image sur la rétine qui est un photodétecteur naturel. Là, se produit une double adéquation : notre œil est sensible dans le visible et son pouvoir séparateur est le meilleur qu'autorise la dimension de la pupille. Dire que l'œil est sensible dans le visible semble n'être qu'une lapalissade, puisque c'est ainsi que l'on définit le visible dans l'ensemble du rayonnement électromagnétique.

L'étonnement n'est donc pas là, mais dans le fait que le domaine du visible soit celui dans lequel le soleil émet le plus d'énergie.

Et l'adéquation quant au pouvoir de résolution de notre œil, à quoi tient-elle ? Mais qu'appelle-t-on pouvoir séparateur ? Cette expression est souvent malencontreusement employée pour désigner la limite de résolution d'un instrument d'optique : c'est-à-dire le plus petit écartement angulaire de deux points, deux étoiles, par exemple, tout juste séparables par cet instrument. La lumière étant, entre autres, un phénomène ondulatoire, l'image d'une étoile que donne une lunette astronomique n'est pas un point, mais un petit cercle, au nom savant de tache de diffraction. Le diamètre de ce cercle est d'autant plus grand que le diamètre de l'objectif de l'instrument est plus petit et, lorsque deux taches de diffraction, images de deux étoiles, empiètent trop l'une sur l'autre, on ne distingue plus les deux étoiles[8].

Or, il se trouve que la dimension des cellules élémentaires de la rétine (quelques microns) est du même ordre de grandeur que le diamètre de la tache de diffraction qui, lui, est lié au diamètre de la pupille. L'œil est capable de discerner deux points distants d'une minute d'arc, ce qui correspond à peu près à deux points séparés de quelques millimètres vus à une dizaine de mètres. Une rétine tapissée d'éléments plus fins, donc plus serrés, ne permettrait pas une meilleure performance, sauf à augmenter le diamètre de notre pupille, exploit, pour l'instant, hors de portée des ophtalmologistes.

Ces adéquations pourraient justifier une vision téléologique du monde, si les astronomes n'avaient, depuis deux bons siècles déjà, chassé les causes finales de l'horizon de leur science : ils ne pensent plus qu'un dieu a créé les comètes pour remplir les vides du système solaire, pas plus que les botanistes ne croient que le créateur a bien marqué les tranches des melons pour qu'ils fussent plus facilement dégustés en famille, à se demander pourquoi les concombres n'arborent pas des stries transversales !

8. On dit plutôt : « on ne sépare plus ».

Ces adéquations ne sont que des signes supplémentaires du fait que nous sommes le fruit d'une longue suite d'adaptations et de sélections qui nous ont amenés au « sommet » du règne animal, en tout cas pour ce qui est de la connaissance et de la maîtrise de la nature (je m'en excuse auprès des dauphins et des éléphants dont l'intelligence est justement renommée, mais dont on attend encore les contributions à la théorie du big-bang). Si le soleil était plus froid et si, donc, il rayonnait dans l'infrarouge, notre œil, ou plutôt l'œil de ceux qui auraient notre place dominante, serait sensible audit infrarouge.

Mais aussi merveilleux que soit notre œil, nous venons de toucher à ses deux faiblesses : une sensibilité spectrale limitée et une faible capacité d'absorption des photons. Tous les efforts de l'astronome tendent à pallier ces deux faiblesses.

La deuxième de ces faiblesses a été plus facile à contourner que la première. Les progrès commencent avec l'apparition de la lunette « hollandaise » et, de ce point de vue, la chasse aux photons va se développer en fonction de deux objectifs : en capter de plus en plus et mieux les utiliser. Le diamètre de la pupille de notre œil, à son ouverture maximale, fait environ six millimètres, celui des premières lunettes était de l'ordre de trois centimètres, soit cinq fois plus en diamètre, donc vingt-cinq fois plus en surface. Ces premières lunettes collectaient donc vingt-cinq fois plus de photons que l'œil ; c'est peu, mais ce fut suffisant pour que Galilée – qui, s'il n'est pas l'inventeur de la lunette, fut le premier à en fabriquer d'excellentes (il bénéficiait du savoir-faire des verriers de Murano) et à en faire un usage astronomique – bouleversât une vision de l'univers vieille de plusieurs milliers d'années.

Le 21 août 1609, répondant à l'invite de Galilée qui vient d'achever sa première lunette, les membres du Sénat de Venise escaladent le campanile Saint-Marc et scrutent la lagune. Les voiliers qui s'approchent, et que les sénateurs distinguent dans ce « tube optique » – que l'on pouvait, à une époque où les lois de l'optique étaient quasiment ignorées, tout aussi justement qualifier de « magique » –, il leur faudra attendre deux heures et plus pour les voir à l'œil nu.

Après cette démonstration qui lui valut d'être titulaire à vie de la chaire de mathématiques de Padoue, dépendant alors de la République de Venise, il construisit sa deuxième lunette, plus puissante que celle présentée au Doge.

C'est avec cette deuxième lunette que le 30 novembre, peu après le coucher du soleil, Galilée observa et dessina la lune vieille de quatre jours[9]. Il continua de l'observer jusqu'à son coucher et suivit la progression du lever du soleil sur la région dite aujourd'hui de Janssen-Fabricius. Le 2 décembre, il observa les sommets déchiquetés des monts qui bordaient la mer de la Sérénité.

Quel astronome ne rêverait d'avoir vécu ces nuits, les plus belles nuits de l'astronomie, ces quelques nuits où tout un monde nouveau s'offre au regard : le visage sévère de la lune, ses vastes plaines de lave que l'on prenait pour des mers, ses montagnes dont Galilée estimait, par la mesure de leurs ombres, l'altitude ; les satellites de Jupiter et les phases de Vénus, qui envoyaient dans les oubliettes de l'histoire la physique d'Aristote et le système cosmologique de Ptolémée ; quatre-vingt-dix étoiles jamais vues, dans la région d'Orion, trente-six autour des sept filles d'Atlas (les Pléiades), et les millions

9. C'est-à-dire quatre jours après la nouvelle lune.

d'étoiles de la Voie lactée que l'on prenait, jusqu'à ce jour, pour un nuage de vapeurs exhalées de la terre ?

Aujourd'hui, l'émerveillement, nous l'attendons de Hubble[10] qui vogue dans la sérénité du vide à 580 kilomètres au-dessus de nos têtes, depuis quinze ans déjà. Certes ce télescope spatial voit mieux et dans une gamme spectrale infiniment plus étendue que nos télescopes terrestres, mais, jusqu'à ce jour, Hubble ne nous a pas révélé un seul objet céleste que nous ne connaissions déjà : l'éblouissement ne fut pas au rendez-vous… peut-être parce que nous l'attendions.

Il faut aller voir ces deux premières lunettes de Galilée, objets d'art autant qu'instruments scientifiques. Elles sont au musée des Sciences de Florence, non loin de la galerie des Offices, donc près de l'Arno. Je ne vais pas à Florence sans leur rendre visite. Avant la crue historique de l'Arno, en 1966, qui détruisit et endommagea de nombreuses œuvres d'art, dont le *Christ en croix* de Cimabue, les lunettes étaient au rez-de-chaussée ;

10. Ce télescope de 2,40 m de diamètre a été ainsi baptisé en l'honneur d'un des plus grands astronomes américains, Edwin Powel Hubble (1889-1953).

après, on les installa au premier étage! Or, il se trouve qu'à cette époque, la conservatrice du musée était l'épouse d'un ami astronome florentin, Righini. Lors de ma première visite qui suivit l'inondation catastrophique, ils me racontèrent dans quelles conditions dramatiques ils avaient sauvé les objets du rez-de-chaussée. Je leur dis sur le ton de l'évidence: «Naturellement ce sont les lunettes de Galilée que vous avez sauvées en premier?» «Non, me répondirent-ils, nous avons d'abord cherché et mis à l'abri notre chat!» Ce couple, pour qui j'avais déjà beaucoup d'amitié, monta d'un cran dans les degrés de mon estime, peut-être tout de même parce que les lunettes avaient été également sauvées.

Ces humbles et magnifiques lunettes de Galilée sont aujourd'hui les ancêtres d'immenses télescopes dont les plus importants mesurent huit mètres de diamètre. Toutefois, leurs performances ont des limites que leur impose l'atmosphère terrestre: par son absorption, elle restreint la gamme spectrale observable, et par son agitation, elle limite leur pouvoir séparateur. Voilà pourquoi les astronomes ont satellisé le télescope Hubble et pourquoi ils rêvent d'un observatoire sur la lune.

Cela nous amène au deuxième objectif de l'astronome : mieux utiliser les photons plutôt qu'en recueillir plus. Dans cette voie, c'est l'invention de la photographie qui a apporté le premier progrès. Si la plaque photographique, surtout à ses débuts, est instantanément moins sensible que l'œil – il faut une centaine de photons pour impressionner une plaque contre une dizaine pour la rétine –, elle présente l'énorme avantage d'avoir de la mémoire. Ce que l'œil ne voit pas en un dixième de seconde, il ne le verra jamais, alors que les photons qui arrivent à un moment donné sur une plaque photographique ajoutent leurs actions à celles des photons précédents.

On imagine le gain apporté par une pose de plusieurs heures au foyer d'un télescope de cinq mètres de diamètre par rapport à la vision instantanée à travers notre pupille de cinq à six millimètres de diamètre ! Toutefois, la plaque photographique a aussi ses défauts. Du côté des faibles éclairements, si les photons n'arrivent pas par paquets suffisants, il ne se passe rien, quel que soit le temps de pose… la plaque perd la mémoire ; du côté des forts éclairements, il y a saturation. Tous les nouveaux détecteurs ont été imaginés pour pallier ces défauts. La voie a été ouverte, juste avant la

Seconde Guerre mondiale, par un astronome français, André Lallemand, qui a inventé la caméra électronique : les photons incidents décrochent d'une plaque sensible des électrons qui sont focalisés par une optique électronique. Cette caméra amène la détection à sa limite théorique – la détection photon par photon – mais elle est d'un emploi délicat, et l'image finale se fait toujours sur une plaque photographique dont les grains extrêmement fins sont sensibles aux électrons.

Parallèlement, s'est développée la technique des photomultiplicateurs. Là encore, un photon décroche un électron, mais cet électron déclenche une cascade, rigoureusement contrôlée, d'autres électrons… jusqu'à un milliard. C'est quasiment le récepteur photométrique idéal qui permet de compter un par un les photons qui nous arrivent des étoiles ; le photomultiplicateur réalise le rêve des photométristes dont l'art est de mesurer les éclairements et les brillances.

Mais si le photomultiplicateur mesure bien les éclairements, il ne donne pas d'images. Le dernier progrès est venu de la caméra CCD (de l'anglais « *Charge Coupled Device* ») qui cumule les avantages de la caméra électronique et du photomultiplicateur, cet amplificateur d'électrons étant couplé à une caméra de télévision.

Mais il y a une autre façon de mieux utiliser les photons, c'est de leur en faire dire plus, et, pour cela, par exemple, de les trier selon leur couleur. L'art de trier les photons selon leur couleur, c'est-à-dire selon leur longueur d'onde ou leur énergie, est la spectroscopie. Nous en devons les prémices à Newton.

En 1672, il écrivait : « Afin de tenir ma récente promesse, je vous ferai savoir, sans plus de cérémonie, qu'au commencement de l'année 1666, je me procurai un prisme de verre triangulaire, pour faire l'expérience du célèbre phénomène des couleurs. Ayant rendu à cette fin ma chambre obscure, et pratiqué un petit trou dans mon volet, de façon à laisser passer une quantité suffisante de lumière solaire, je plaçai mon prisme à son entrée, de telle sorte qu'elle pût se réfracter sur le mur opposé. Il me fut d'abord agréable de regarder les couleurs vives et intenses ainsi produites[11]. »

11. Cf. *Philosophical Transactions of the Royal Society*, 1672.

Ce premier moment d'émotion esthétique passé, Newton entreprit une série d'expériences sur la décomposition de la lumière blanche en une série de lumières colorées, qui sont à la base de la spectroscopie… et des chefs-d'œuvre de méthodologie expérimentale. Mais il faudra attendre près de deux siècles pour que la spectroscopie précisément manifeste toute sa puissance, grâce à la découverte de la photographie et, surtout, aux travaux théoriques de Gustave Kirchhoff. On savait déjà qu'une raie sombre, repérée par Fraunhofer en 1814 sur le spectre du soleil, coïncidait avec une raie brillante émise par une flamme contenant du sodium. Après une série d'expériences menées en 1860 avec Robert Bunsen, Kirchhoff énonça les lois simples de l'émission et de l'absorption de la lumière par les corps incandescents.

Premièrement, un solide, un liquide ou un gaz sous une forte pression émet un rayonnement continu dont la décomposition donne un arc-en-ciel.

Deuxièmement, un gaz incandescent sous une faible pression émet un rayonnement continu auquel se superposent des raies brillantes plus ou moins fines : les longueurs de ces raies sont spécifiques aux éléments chimiques du gaz incandescent.

Troisièmement, quand une source lumineuse à rayonnement continu est observée à travers un gaz froid sous une faible pression, des raies sombres apparaissent sur le spectre continu de la source aux mêmes longueurs d'ondes que les raies d'émission produites par le gaz absorbant lorsqu'il est rendu incandescent.

On comprend pourquoi la spectroscopie est devenue l'arme la plus puissante dont disposent les astrophysiciens pour étudier la nature des astres : en isolant et en repérant les raies brillantes ou sombres qui strient les spectres des étoiles, ils déterminent leur composition chimique ; en comparant l'intensité des différentes raies, signatures infaillibles des éléments présents, ils remontent aux abondances ; en mesurant le déplacement des raies, ils mesurent des vitesses. À quoi s'ajoute le fait que le dédoublement des raies par un phénomène dit effet Zeeman est le signe d'un champ magnétique et donne la possibilité d'en mesurer l'intensité.

Le général de Gaulle disait : « On ne fera pas rêver les Français sur une courbe de croissance », certes, mais un économiste si…

et il est certain qu'un astrophysicien rêvera sur une courbe spectrale ! En 1971, j'ai obtenu, avec une collègue astrophysicienne et un technicien, un spectre de Mars dans ce que l'on appelle le proche infrarouge (entre 8 et 13 microns de longueur d'onde). L'objectif était de déterminer la température de la surface, la densité de l'atmosphère et le taux de gaz carbonique : ce qui fut fait. Mais la courbe spectrale présentait de plus deux creux énigmatiques que l'on identifia comme une manifestation de silicates (compositions de silice et de divers oxydes métalliques). Je publiai donc que la très faible atmosphère de Mars contenait des silicates pulvérulents, c'est-à-dire une forme de sable. Les revues scientifiques qui veulent être prises au sérieux soumettent leurs articles à des spécialistes étrangers. Le mien tomba sous l'œil d'un chercheur américain impliqué dans le programme astronomique d'une sonde qui, à l'époque, voguait vers Mars avec une caméra de télévision à son bord. Son rapport fut surprenant : si je donnais la bonne température, la bonne pression et la bonne teneur en CO_2, c'est que j'avais eu de la chance, mais si je trouvais des silicates dans l'atmosphère, c'est que je « manipais » comme un sagouin ! Heureusement, un second expert lut notre article, un Anglais, qui s'étonna mais conclut : pourquoi pas ? (si l'on ne trouvait toujours strictement que ce que l'on cherche, l'intérêt de la recherche s'en trouverait fortement diminué !). Quelque temps plus tard, la sonde survola Mars. La Nasa déclencha la caméra pour filmer le sol martien : de sol, point, mais un brouillard indéchiffrable. Le lendemain, nouvel essai… et le sol criblé de ses cratères météoritiques apparut : la tempête de sable qui sévissait la veille était terminée. Belle ironie du sort, mais surtout beau témoignage de la puissance de la spectroscopie.

À la fin de sa vie, Louis de Broglie, physicien, qui a reçu le prix Nobel en 1929 pour avoir étendu à tous les corpuscules la propriété insolite des photons d'être tout à la fois onde et corpuscule, s'interrogeait encore sur ce qu'était un rayon de lumière ! Qu'un infime faisceau de lumière, dont nous ne connaissons toujours pas la nature, au terme d'un si long voyage, nous révèle que l'atmosphère de Mars, aussi faible soit-elle, connaît des nuages, des brouillards et des tempêtes de sable tient, je dirais… du miracle… si je croyais aux miracles.

3 Le livre du monde est écrit en mathématiques

Pour Valéry, chercher « c'est se mettre en état de trouver ». Se mettre en état de recevoir l'étincelle. Combien d'hommes, avant Newton, avaient vu, au clair de lune, une pomme se détacher du pommier ? Mais aucun ne s'était jamais posé cette question en apparence stupide : pourquoi la lune ne tombe-t-elle pas du « lunier » comme la pomme, du pommier ? Ni donné cette réponse paradoxale et géniale, la lune tombe : à chaque instant, la lune tombe sur la terre, et le compromis entre cette chute perpétuelle et le désir de filer en ligne droite à tout jamais dans l'univers, en vertu de la loi d'inertie, comme une pierre qu'une fronde abandonne, ce compromis, c'est l'ellipse que la lune parcourt autour de la terre, ou celle que la terre dessine autour du soleil. C'était en 1667, alors que Newton, fuyant la peste qui sévissait à Cambridge et à Londres, s'était réfugié dans la ferme familiale. Mais, entre ce moment de grâce et la publication des *Principes de la philosophie naturelle*, où Newton livrera ses résultats sous leur forme la plus économique et la plus élégante, il s'écoulera vingt ans : vingt ans pendant lesquels, certes, il ne travaillera pas uniquement sur la gravitation universelle, mais vingt ans de transpiration pour une seconde d'inspiration.

Isaac Newton est né le 4 janvier 1643 (date en calendrier grégorien que l'Angleterre, à l'époque, n'avait pas encore adopté) dans le hameau de Woolsthorpe. Son père était mort trois mois auparavant. L'enfant était prématuré et ses premiers jours furent difficiles. Alors qu'il n'avait que deux ans, sa mère se remaria avec un *clergyman*, et partit aussitôt avec son nouvel époux, laissant Isaac aux bons soins de sa grand-mère et de son oncle. Il fréquenta l'école primaire, puis l'école secondaire de Grantham, jusqu'à l'âge de seize ans, sans laisser, semble-t-il, le souvenir d'un génie précoce. Sa mère, veuve une seconde fois, revint au pays et reprit Isaac avec l'espoir de le voir gérer l'cxploitation agricole que son second mari lui avait laissée. Ainsi il s'en fallut de peu que Newton ne fût fermier. Heureusement, il demanda à reprendre ses études. La famille accepta : il arriva à Cambridge en 1660. Et Newton devint mathématicien, physicien et astronome, ou plutôt cosmologiste, le plus grand de tous les temps… une gloire qu'il partage toutefois avec Einstein. Saurons-nous jamais pourquoi il décida d'être physicien, plutôt que théologien ou… cultivateur ?

Car si l'on peut deviner les raisons qui poussent une civilisation, une société ou un État, à favoriser, à un moment donné, un domaine des sciences (on évoque souvent, par exemple, à l'origine de la géométrie égyptienne, la nécessité exaspérante de l'arpentage des rivages cultivés du Nil, après ses crues annuelles), il est plus difficile de cerner les raisons profondes qui poussent un individu à décider d'un métier. Si l'on en juge par le nombre de gens que le ciel fascine, on devrait se presser aux portes des observatoires. Il n'en est rien. Mais peut-être est-ce le filtre des mathématiques et de la physique qui limitent la bousculade ?

Mon cas est si atypique que j'hésite à m'en ouvrir. J'aimais l'école. J'en aimais toutes les disciplines. Je n'ai pas souvenir que l'on m'ait demandé si j'avais fait mes devoirs ou appris mes leçons. Mon goût pour les mathématiques m'est venu par mon indiscipline. Lors d'un cours d'histoire sur la Commune, le professeur ayant déclaré : « et les insurgés envahirent les Tuileries», je crus bon, pour amuser mes camarades, de lancer: «Quelle tuile!» Le professeur, qui ne manquait pas d'humour, répliqua: «Pour vous, la tuile sera deux heures de colle». Je me retrouvai donc le jeudi suivant avec le pion chargé de la surveillance des collés (les professeurs ne poussaient pas leur souci de la discipline jusqu'à se coller eux-mêmes). Le pion me donna quelques poèmes de Victor Hugo, dont le plus long était cette interminable litanie à géométrie variable, *Les Djinns*: «vous partirez lorsque vous les saurez par cœur». Vingt minutes plus tard, j'étais parti!

À la colle suivante, échaudé, le pion me demanda, avec la même exigence chronologique, de lui donner la valeur de la somme des deux mille premiers nombres entiers. Plutôt que de me jeter sur cette tâche rébarbative, je réfléchis: s'il me demandait cette valeur, c'est qu'il la connaissait sans s'être fatigué à la calculer (toujours ce problème des limites du souci de la discipline). Il devait donc y avoir un truc.

Puisque, pour les additionner, il fallait bien les écrire, je commençai par écrire… seulement… la suite des dix premiers nombres entiers: une des qualités indispen-

sables aux mathématiciens est une certaine paresse qui incite à la concision :
1, 2, 3, 4, 5, 6, 7, 8, 9, 10

Puis, j'eus l'idée de mettre au-dessous la même suite inversée :
10, 9, 8, 7, 6, 5, 4, 3, 2, 1

Il m'apparut alors clairement ce que j'avais intuitivement pressenti, à savoir que l'addition, terme à terme, donnait toujours le même nombre, en l'occurrence 11.

Les dix sommes partielles, elles-mêmes additionnées, donnaient donc 110, le double de la somme recherchée initialement. Je venais de découvrir, ou plus exactement de redécouvrir, que la somme des n premiers entiers vaut $n(n+1)/2$. Vingt minutes plus tard, j'étais parti ! C'est à partir de cet incident que j'ai passé mes colles à recopier quelques centaines de fois la même phrase. Je n'ai pas eu le courage d'inventer le photocopieur. Je me suis toujours senti plus à l'aise dans les sphères éthérées de l'abstraction que dans l'univers têtu de la technologie. Et où aurais-je trouvé les capitaux pour le fabriquer ?

Et c'est à partir de cet incident que mon goût pour les mathématiques et la redécouverte s'est affirmé, sans pour autant tuer celui de la littérature. Je redécouvris, par exemple, que la racine carrée de 2 est un nombre irrationnel (c'est-à-dire qu'elle ne peut pas s'écrire sous la forme d'un rapport de deux nombres entiers), ou que, en géométrie, la hauteur issue du sommet de l'angle droit d'un triangle rectangle est une moyenne proportionnelle entre les segments qu'elle détermine sur l'hypoténuse (notez la sobre beauté d'un tel énoncé). Essayez, c'est très simple, il suffit, dans le premier cas, d'élever la relation au carré et de jouer avec les nombres pairs et impairs, et, dans le second, avec les triangles semblables.

Je me destinai donc aux mathématiques. Or, l'Institut Poincaré, où l'on étudie les mathématiques, n'est pas très loin de l'Observatoire de Paris. J'eus donc enfin, un matin de 1961, la curiosité d'entrer dans le hall nord de l'Observatoire. Je suis resté là, un long moment, immobile, foudroyé par la beauté sévère de cette entrée aux voûtes impressionnantes. Et je décidai instantanément que je serais astronome ! Deux ans plus tard, je l'étais.

Bien sûr, le ciel m'avait intrigué comme il intrigue tous les enfants. Lorsque ma grand-mère maternelle me montra la lune pour la première fois, j'avais un peu moins de trois ans, je fondis en larmes. Sans que l'on sache si c'était de plaisir, d'émotion ou d'effroi, et même sans que l'on sache si la cause efficiente en était la lune ou simplement le doigt de ma grand-mère ; car, quoi que dise le proverbe chinois, lorsque l'on vous montre la lune, il faut certes la regarder, mais le doigt qui vous la montre n'est pas moins intéressant. Bien sûr, la contemplation du ciel a contribué à mon appréhension de l'espace, je le trouvais à la fois proche et lointain ; et s'il m'a donné, par la suite, la notion d'inaccessibilité, je n'ai pas le souvenir qu'il m'ait apporté l'idée d'infini. Aujourd'hui encore, c'est l'océan qui me donne spontanément cette idée d'infini, en tout cas d'infini actuel pour ce qui est de l'infini potentiel, les boucles d'oreilles de la Vache qui rit y suffisent. D'ailleurs, les astronomes ne jonglent avec les milliards d'années temporelles et les milliards d'années de lumière spatiales que depuis peu de temps. Ils ont longtemps pensé un univers de dimensions modestes (le rayon de celui de Kepler avait soixante millions de rayons terrestres) et vieux de quelques milliers d'années (celui de Descartes ne devait durer que six mille ans, comme l'affirme une prophétie d'Élie que l'on ne trouve que dans le Talmud de Babylone, mais connue par des écrits secondaires). Pour ce qui est de son âge, ce sont les géologues qui ont donné le coup de pied dans la fourmilière des astronomes : dans des sédiments, vieux de cinq cent mille ans et plus, ils trouvaient des fougères fossilisées ; or qui dit fougères, dit fonction chlorophyllienne, donc soleil. Comment le soleil pouvait-il briller depuis si longtemps ? Une énigme sans réponse aussi longtemps que l'énergie chimique fut la seule envisageable, et qui ne fut levée que lorsque l'on découvrit l'énergie nucléaire. Quant à ses dimensions, au début du XXe siècle, on le croyait encore réduit à notre galaxie qui ne s'étend que sur soixante mille années de lumière, car les astronomes, comme les gens de la montagne, préfèrent mesurer les distances en temps de marche plutôt qu'en kilomètres, et rappelons qu'une année de lumière, qui est donc la distance parcourue par la lumière en un an, vaut, tout de même, environ dix mille milliards de kilomètres.

Et pourtant, ces distances, que certains qualifient de vertigineuses – mais l'infiniment petit donne tout autant le vertige – cette immensité de l'univers, sinon son infinitude (la question reste posée), ne m'impressionnent pas: «ces espaces infinis et silencieux» ne déclenchent en moi aucune angoisse métaphysique. Je partage sur Pascal le point de vue de Borges: la lecture de ses *Pensées* m'apprend peu sur le monde, mais m'apprend beaucoup sur Pascal, ce qui n'est pas peu.

Bien sûr, les mathématiques et l'astronomie ont depuis longtemps partie liée, mais la pratique des mathématiques se différencie de toutes les autres sciences, fussent-elles dures. Le physicien, le chimiste, le naturaliste, l'astronome sont face à la nature, à ses objets, à ses phénomènes: c'est elle qui pose les questions. Le mathématicien est face à lui-même, c'est lui qui crée les objets qu'il va étudier et c'est lui qui pose les questions. L'extraordinaire, c'est que les réponses sont tout aussi difficiles à trouver.

De plus, les mathématiques n'ont pas partie liée seulement avec l'astronomie, mais avec toutes les sciences dites exactes ou dures, et tout particulièrement avec la physique. C'est dans le *Saggiatore*[12] que Galilée

12. Galileo Galilei, *L'Essayeur*, Les Belles Lettres, 1989.

affirme haut et clair que le livre de la nature est écrit en langage mathématique: « La philosophie est écrite dans ce vaste livre qui se tient ouvert devant nos yeux (je veux dire l'Univers), et l'on ne peut le comprendre si d'abord on n'apprend à connaître la langue et les caractères dans lesquels il est écrit. Or il est écrit en langue mathématique, et ses caractères sont les triangles, les cercles, et autres figures géométriques, sans lesquels il est humainement impossible d'en comprendre un mot, sans lesquels on erre vainement dans un labyrinthe obscur. »

On découvrira bientôt que, plus précisément, la langue et les caractères du « livre de la nature » sont ceux d'un nouveau domaine des mathématiques: l'analyse qui, tout en se développant pour elle-même, dès le début du XVIIIe siècle, est devenue l'outil privilégié de la résolution des problèmes de mécanique céleste et a donné naissance à la mécanique analytiquc. Son triomphe sera, en 1846, la découverte, par le calcul, de la planète qui perturbait l'orbite d'Uranus [13].

Que les mathématiques aient ce pouvoir de décrire le monde est une énigme, et qu'à ce

13. Voir chapitre 5.

pouvoir descriptif s'ajoute un pouvoir prédictif touche, pour certains, au mystère. Le premier à s'en étonner est Christian Huygens. Dans son *Traité de la lumière*[14], publié en 1690, il écrit: « On y verra de ces sortes de démonstrations qui ne produisent pas une certitude aussi grande que celles de la géométrie, et qui même en diffèrent beaucoup, puisque au lieu que les géomètres prouvent leurs propositions par des principes certains et incontestables, ici les principes se vérifient par les conclusions qu'on en tire; la nature de ces choses ne souffrant pas que cela se fasse autrement. Il est possible toutefois d'y arriver à un degré de vraisemblance qui bien souvent ne cède guère à une évidence entière. Savoir lorsque les choses, qu'on a démontrées par ces principes supposés, se rapportent parfaitement aux phénomènes que l'expérience a fait remarquer, surtout quand il y en a un grand nombre, et encore principalement quand on se forme et prévoit des phénomènes nouveaux qui doivent suivre des hypothèses qu'on emploie, et qu'on trouve qu'en cela l'effet répond à notre attente. »

Cette capacité fascinante de dire et prédire le monde ancrent les mathématiques

14. Christian Huygens, *Traité de la lumière*, Dunod, 1993.

dans le réel et les sauvent de leur apparente sécheresse. Encore faut-il ne pas leur faire dire plus qu'elles ne peuvent nous dire : les mathématiques ne nous disent pas ce que sont les choses, mais ce que sont les relations entre les choses [15]. Mais cette citation du *Saggiatore* de Galilée, donnée plus haut, perpétuellement reprise, que signifie-t-elle ? Ce langage, si langage il y a, est le langage de qui, de quoi ? Les mathématiques, où se situent-elles ? Sont-elles dans la pensée, comme l'affirment ceux qui penchent du côté de Pan, comme Werner Heisenberg[16] par exemple, qui écrit : « Les mathématiques constituent pour ainsi dire le langage à l'aide duquel une question peut être posée et résolue », et ajoute : « Les formules mathématiques ne représentent plus la nature, mais la connaissance que nous en possédons » ? Ou sont-elles dans le monde ? Ainsi Einstein qui déclare : « D'après notre expérience à ce jour, nous avons le droit d'être convaincus que la

15. Si l'étonnement de Huygens taraude toujours les physiciens, peu d'entre eux y consacrent vraiment une réflexion. Dans un passé récent H. Poincaré, et aujourd'hui, J.-M. Lévy-Leblond, cf. « Physique et mathématiques » in *Encyclopedia Universalis.*

16. Werner Heisenberg (1901-1976), physicien atomiste allemand.

nature est la réalisation de ce que l'on peut imaginer de plus simple mathématiquement. Je suis persuadé que la construction purement mathématique nous permet de trouver ces concepts et les principes les reliant entre eux, qui nous livrent la clef de la compréhension des phénomènes naturels.» Ceux-là penchent du côté de Pythagore.

Entre ces deux extrêmes, tout un spectre de positions nuancées peut se déployer. Pour Henri Poincaré, toutes les lois sont tirées de l'expérience, mais «pour les énoncer, il faut une langue spéciale; le langage ordinaire est trop pauvre, il est d'ailleurs trop vague, pour exprimer des rapports si délicats, si riches et si précis. Voilà donc une première raison pour laquelle le physicien ne peut se passer des mathématiques; elles lui fournissent la seule langue qu'il puisse parler.» Les mathématiques seraient entre nous et les choses: Pythagore et Pan à jamais enchaînés!

4 L'univers est un laboratoire

Jusqu'à ce jour, le 11 novembre 1572, où Tycho Brahe[17], sortant de l'antre dans laquelle son oncle se livrait à l'alchimie, vit briller un nouvel astre dans la constellation de Cassiopée, les astronomes occidentaux partageaient tous cet axiome aristotélicien: «rien ne change dans les cieux», leur perfection immuable les tient hors du champ de la physique. Et, comme ils ne voyaient que ce qu'ils voulaient voir, ils ne virent jamais la moindre étoile nouvelle, pas même celle de 1054 qui brilla, tout au moins en ces débuts, aussi vivement que Vénus. Nous ne connaissons sa soudaine apparition que par les archives asiatiques, chinoises, entre autres, mais nous en observons aujourd'hui les restes: la spectaculaire nébuleuse du Crabe.

17. Tycho Brahe (1546-1601), observateur exceptionnel, à l'œil nu: il mourut quelques années avant l'apparition de la lunette. C'est à partir de ses excellentes observations de Mars que Kepler découvrit l'«ellipticité» des orbites planétaires.

Ainsi, le ciel changeait, et, s'il changeait, les astres ne devaient pas être constitués uniquement d'éther inaltérable: il y avait aussi une chimie du ciel. Ce que, quelques siècles plus tard, devait confirmer la spectroscopie.

En 1868, Lockyer et Janssen[18] qui décomposaient et analysaient la lumière solaire y découvrirent une raie spectrale qui ne se trouvait dans aucun spectre terrestre obtenu à l'époque ; ils en conclurent l'existence d'un élément nouveau auquel son origine solaire valut le nom d'hélium : gaz solaire. Vingt-sept ans plus tard, William Crookes[19] révélait la présence d'hélium dans un échantillon de gaz extrait d'un fragment d'uranium par Ramsay[20]: l'hélium existait sur terre.

Quittons l'astronomie pour la chimie, et parlons de Mendeleïev[21]. Sa classification périodique des éléments de 1868, qui figure désormais dans tous les manuels, est bien connue, elle est fondée sur l'ordre des poids

18. Sir Norman Lockyer (1836-1920), astronome anglais ; Jules Janssen (1824-1907), astronome et physicien français, un des pionniers de la physique solaire.

19. Sir William Crookes (1832-1919), physicien anglais.

20. Sir William Ramsay (1852-1916), chimiste anglais.

21 Dimitri Mendeleïev (1834-1907), chimiste russe.

atomiques. Mais, pour obtenir une répartition satisfaisante, Mendeleïev avait dû prendre quelques libertés avec l'ordre rigoureux de ces poids atomiques et laisser vacantes quelques cases dont la deuxième, celle qui vient tout de suite après l'hydrogène. De petits accommodements et des manques qui auraient pu le persuader d'abandonner sa classification, mais qui l'incitèrent à décrire a priori les propriétés des éléments qui auraient dû y figurer. La justesse de ses vues fut confirmée par Lecoq de Boisbaudran qui découvrit le gallium, en 1875, puis par Winkler[22], en 1886, avec la découverte du germanium, qui l'un et l'autre vinrent se ranger naturellement dans le tableau. Enfin, en 1896, Ramsay combla toute une colonne de la classification avec la découverte des gaz rares, et l'on s'aperçut que l'hélium prenait tout simplement sa place dans la deuxième case laissée vide par Mendeleïev.

On prit alors conscience que, non seulement il y avait une physique et une chimie célestes, mais aussi qu'elles étaient les mêmes

22. Paul-Émile Lecoq de Boisbaudran, dit François (1838-1912), chimiste français ; Clemens Winkler (1838-1904), chimiste allemand.

que la physique et la chimie terrestres, ce dont certains scientifiques doutaient.

On prit également conscience de la puissance d'analyse des lois empiriques de la spectroscopie énoncées par Kirchhoff[23] avant même que leur explication en termes de structure atomique ne leur confère, de plus, un extraordinaire pouvoir prédictif. Ainsi la raie de 21 cm de l'hydrogène neutre a été prédite quelques années avant d'être observée. Ainsi, à l'inverse, en 1942, on s'aperçut que certaines raies spectrales du coronium, cet élément imaginaire, ainsi nommé parce qu'il avait été découvert, dès la fin du XIXe siècle, dans la couronne solaire, pouvaient être expliquées par des transitions à l'intérieur d'atomes métalliques bien connus, dont le fer, mais très ionisés (c'est-à-dire dont les atomes ont perdu un grand nombre d'électrons). Transitions qui sont, certes, interdites dans nos laboratoires, mais possibles dans l'état de raréfaction et de haute température du plasma coronal. Il en alla de même pour le nébulium détecté dans le spectre de certaines nébuleuses par deux

23. Cf. chapitre 2.

raies que l'on a cru devoir attribuer à un « nouveau gaz », jusqu'à ce que, en 1927, Bowen[24] prouvât qu'il s'agissait de raies de l'oxygène, sinon « interdites », du moins impossibles à produire en laboratoire, même dans les vides les plus poussés, mais que l'extrême dilution du gaz nébulaire rend observables. L'univers se révélait être un laboratoire aux possibilités riches et variées : les physiciens y rencontrent des températures, des pressions, des densités et des vides, pour l'instant impensables sur terre.

Des infimes particules qui structurent la matière aux amas de galaxies qui peuplent l'univers, du cœur des étoiles aux molécules interstellaires, des impondérables nébuleuses d'hydrogène qui flottent dans l'espace aux pulsars ultradenses qui agonisent en tournoyant sur eux-mêmes, les astrophysiciens traquent, interrogent et déchiffrent toutes les manifestations du cosmos. Dans cette conquête du monde, où la spécialisation devient la règle, tous les domaines de l'astronomie, toutes les sciences exactes, s'entrecroisent, s'entraident puis bénéficient du

24. Ira Bowen (1898-1973), physicien américain.

progrès commun. Dans cette astronomie éclatée, même son domaine le plus traditionnel, l'astrométrie (qui se donne pour objectif de rapporter, par des mesures d'angles, les directions des astres, considérés comme de simples points, à certains repères convenablement choisis), même l'astrométrie donc, participe aux progrès des domaines les plus récents.

Ainsi, certaines particularités du mouvement de Mercure, mises en évidence par une précision des mesures qui pouvait paraître dérisoire à certains, mais dont les astrométristes sont soucieux, chagrinaient les mécaniciens célestes depuis longtemps. Ces anomalies n'ont trouvé leur explication que vers 1920 : l'avance du périhélie de Mercure est un effet de relativité générale expliqué par Einstein après la mise au point de sa théorie. Ainsi la persévérance et la précision méticuleuse, qui sont la sagesse des astrométristes et qui semblent d'un autre âge, sont-elles à l'origine de l'un des premiers tests de validité de la théorie de la relativité générale.

Et c'est dans le ciel que l'on découvrit que la lumière n'est qu'une infime partie d'un rayonnement plus vaste, le rayonnement électromagnétique.

Au tout début du XIXe siècle, exactement en mars 1800, William Herschel ouvrait la voie à l'astronomie de l'invisible. Étudiant, à l'aide d'un thermomètre très sensible, la répartition de l'énergie dans les différentes bandes spectrales du spectre visible du soleil, il s'aperçut que le thermomètre continuait de réagir lorsqu'il le poussait en dehors du visible, au-delà du rouge. Une série d'expériences lui permit de montrer que ce rayonnement invisible se pliait aux lois de la réflexion et de la réfraction. William Herschel venait de découvrir le rayonnement infrarouge du soleil. Mais, pour analyser toute l'étendue du rayonnement des astres, on se heurte à deux difficultés : la nécessité d'inventer de nouveaux détecteurs qui sont sensibles aux longueurs d'onde non visibles (la plaque photographique, par exemple, ne couvre pas un domaine spectral beaucoup plus grand que celui que couvre l'œil), et la possibilité d'accéder à ce rayonnement. En effet, l'atmosphère terrestre se comporte comme un filtre, la grande majorité des photons que les astres déversent dans l'espace est absorbée ou réfléchie par l'atmosphère et ne parvient pas au sol. Deux fenêtres seulement s'ouvrent à ces rayonnements, l'une autour des longueurs d'onde du visible, de 0,3 micron à quelques dizaines de microns (l'œil humain n'est sensible qu'au domaine qui va de 0,4 à 0,8 micron) et l'autre sur une partie du rayonnement radioélectrique, de quelques millimètres à une dizaine de mètres de longueur d'onde. Au-dessous de 0,3 micron environ, ce sont l'ozone, l'oxygène et l'azote qui absorbent l'ultraviolet. Entre le domaine optique et le domaine radioélectrique, la vapeur d'eau et le gaz carbonique absorbent l'infrarouge lointain. Au-dessus de 10 mètres de longueur d'onde, c'est l'ionosphère qui réfléchit le rayonnement. Pour le domaine optique, c'est-à-dire le visible et ce qui le borne, on utilise comme détecteurs l'œil, les plaques photographiques (spécialement traitées pour le proche infrarouge), les cellules photoélectriques, les bolomètres – qui sont des thermomètres de luxe – et les radiomètres. Pour les ondes radioélectriques, on utilise des récepteurs radios installés derrière des antennes, et pour les rayonnements de très courtes longueurs d'onde, les compteurs Geiger. Ce sont les avions, les ballons, les fusées, les satellites, les sondes et les stations spatiales qui ont permis d'échapper au couvercle de l'atmosphère terrestre, mais l'idéal serait d'installer un observatoire sur la lune, astre sans atmosphère.

Mais, surprise ! Alors que la majorité des astronomes aspire à s'évader hors de l'atmosphère, ils sont quelques-uns à s'enterrer ou à s'immerger : ceux qui cherchent à observer les neutrinos. L'histoire de cette particule et de ses rapports avec l'astronomie est assez extraordinaire. Sans que personne ne les ait jamais observés, les neutrinos ont été imaginés, en 1930, par Pauli[25]. La nécessité de leur existence est née de l'explication du bilan énergétique de certaines réactions nucléaires. Simples hypothèses mathématiques au départ donc, les neutrinos, qui n'étaient définis que par ce que l'on attendait d'eux, ont été mis en évidence entre 1953 et 1956 par identification de leurs interactions.

Particules neutres, de masse quasiment nulle, se déplaçant à la vitesse de la lumière, on savait, dès « leur invention » que les neutrinos seraient difficiles à déceler ; en effet, ils sont capables de traverser de grandes épaisseurs de matière sans interagir, donc de

25. Wolfgang Pauli (1900-1958), physicien américain d'origine autrichienne.

voyager clandestinement. On estime que sur dix millions de neutrinos traversant la terre, deux seulement y seront arrêtés : autant chercher une aiguille dans une botte de foin. Pourtant, en 1987, on découvrait, dans le Grand Nuage de Magellan, une supernova qui avait implosé 160 000 ans plus tôt. Or, la théorie des supernovae prévoit que leur manifestation lumineuse est précédée, durant quelques secondes, d'une gigantesque éjection de neutrinos. On interrogea donc les quelques piégeurs de neutrinos américains et japonais, au fond de leurs anciennes mines de sel : ils furent formels, le 24 février 1987, ils avaient enregistré durant quelques secondes une bouffée insolite de neutrinos… six ou sept au lieu des trois ou quatre quotidiens habituels… le cosmos a ses délicatesses.

5

Les jeux de la science et du hasard

On oppose souvent la découverte d'Uranus, par Herschel, et celle de Neptune, par Le Verrier[26] : l'une est présentée comme le résultat fortuit de l'observation, et l'autre, comme celui du pur calcul. Et l'on en déduit abusivement que l'une est l'heureux fruit du hasard, l'autre, le pur fruit de la théorie. La réalité est un peu plus complexe. Il a bien fallu que la théorie se préoccupe de l'astre découvert par Herschel pour affirmer qu'il s'agissait d'une nouvelle planète, et le hasard n'y eut qu'une part puisque d'autres astronomes, avant Herschel, avaient regardé Uranus sans le « voir »... le prenant pour une étoile. Et il a bien fallu que les observations du passé et une relation empirique participent à l'établissement des hypothèses de calcul, et qu'un peu de chance, dont on lui fera procès, vint en aide à Le Verrier.

26. William Herschel (1738-1822), astronome anglais d'origine allemande. Urbain Jean Joseph Le Verrier (1811-1877), astronome français.

Le 13 mars 1781, Herschel remarqua parmi un groupe d'étoiles faibles de la constellation des Gémeaux, un astre dont l'image différait légèrement des images stellaires qui l'entouraient. L'astre, faible, sembla présenter un diamètre apparent inusité. Herschel choisit alors de l'observer avec des grossissements plus importants : les étoiles alentour gardaient leur aspect « ponctuel », mais le diamètre apparent de l'astre insolite augmentait proportionnellement aux grossissements, c'est le signe indiscutable qu'il ne s'agissait pas d'une étoile. Autre confirmation de la nature non stellaire de cet astre, Herschel constata qu'il se déplacait très légèrement au fil des jours par rapport au champ des étoiles. Bien que, le 6 avril, il nota que cet astre présentait un bord particulièrement vif, sans trace de queue ou de chevelure, il pensa avoir découvert une nouvelle comète.

Les arguments contre l'hypothèse cométaire se présentèrent assez vite : si cet astre avait été une comète, il aurait dû être situé, lors de sa découverte, aux environs de sa plus courte distance au soleil, puis, à partir de là, aurait dû s'en éloigner assez rapidement en suivant une ellipse allongée. Or, les observations nombreuses qui suivirent l'annonce de la découverte montraient, au contraire, que l'orbite de ce corps ressemblait à un cercle et que le déplacement était très lent. Et, de plus, son éclat aurait dû diminuer rapidement jusqu'à devenir invisible, or il restait quasiment constant.

À ces arguments s'ajoutèrent les calculs des mécaniciens célestes: Laplace, Méchain et Lexell[27] montrèrent que cet astre n'était autre qu'une «étoile» observée, vers 1760, par Mayer[28], et depuis «disparue», et que son orbite était typiquement planétaire. On s'aperçu peu après que d'autres observateurs chevronnés, mais inattentifs et... malchanceux... avaient observé Uranus sans le discerner des étoiles, dont Flamsteed, Le Monnier, Bradley[29].

Il a donc fallu que la finesse de l'œil et la vigilance de l'esprit s'ajoutent au hasard pour que William Herschel «voie» un nouvel astre.

27. Pierre Simon de Laplace (1749-1827), astronome français, l'un des plus grands mécaniciens célestes; Pierre Méchain (1744-1804), astronome français; Anders Johan Lexell (1740-1784), astronome et mathématicien suédois.

28. Tobias Mayer (1723-1762), astronome et mathématicien allemand.

29. John Flamsteed (1646-1719), astronome anglais; Pierre Charles Le Monnier (1715-1799), astronome français; James Bradley (1693-1762), astronome anglais.

Et il a fallu que les théoriciens s'occupent du nouvel astre pour que l'on puisse rapidement affirmer qu'il ne s'agissait pas d'une comète, mais bien de la première planète découverte depuis la plus haute Antiquité. Pour continuer la série mythologique, on l'appela Uranus.

En 1821, on disposait non seulement de quarante années d'observations d'Uranus, mais aussi d'une série d'observations faites entre 1690 et 1771 par ceux qui l'avaient prise pour une étoile : l'astronomie est fille du temps. Fort de cet arsenal, Bouvard[30] entreprit, d'une part de recalculer les tables des mouvements de Jupiter et de Saturne, et, d'autre part, d'y ajouter celles du mouvement d'Uranus en tenant compte des perturbations qu'elle subissait. Surprise : il lui fut impossible de mettre en accord les positions calculées et les positions observées. Bouvard renonça, mais il fut le premier à suggérer la bonne explication : « Je laisse au temps le soin de faire connaître si la difficulté... tient réellement à l'inexactitude des observations anciennes, ou si elle dépend de quelque

30. Alexis Bouvard (1767-1843), astronome français.

action étrangère et inaperçue qui aurait agi sur la planète». Le fait est à noter, car bien d'autres hypothèses furent faites, dont celles d'un frottement ralentisseur de l'éther, de la rencontre entre Uranus et une grosse comète, de la présence d'un satellite inobservé, ou même de la non-validité des lois dc la gravitation à cette grande distance du soleil. Quoi qu'il en soit, plus le temps passait, plus les écarts croissaient. En 1845, ils étaient devenus intolérables.

C'est alors qu'Arago proposa à Le Verrier d'abandonner ses préoccupations du moment – les orbites des comètes – pour s'attaquer au problème du mouvement rebelle d'Uranus.

Le Verrier ne prit en considération ni le frottement de l'éther, dont les effets auraient dû se faire sentir sur d'autres corps du système solaire ; ni le choc avec une comète, dont il ne voyait pas pourquoi les effets augmenteraient avec le temps ; ni la présence d'un satellite, dont les perturbations seraient à courtes périodes. Quant à la non-validité des lois de Newton, Le Verrier ne voulut pas en entendre parler ! Restait donc à trouver une éventuelle planète transuranienne perturbatrice. Inutile de la chercher au hasard, d'autant plus que sa faible luminosité nécessitait l'utilisation d'un télescope puissant et que plus un télescope est puissant, plus son champ de vision est petit.

Le Verrier commenca à travailler dès l'été 1845. Le 10 novembre, il présenta à l'Académie des sciences son *Premier Mémoire sur la Théorie d'Uranus*, puis le 1er juin 1846, les *Recherches sur les mouvements d'Uranus*, enfin le 31 août, il présenta son troisième mémoire *Sur la planète qui produit les anomalies observées dans le mouvement d'Uranus. Détermination de sa masse, de son orbite et de sa position actuelle.*

Les titres mettent clairement en évidence la progression du travail. Il lui fallut toutefois faire quelques hypothèses raisonnables sur cette planète inconnue.

Tout d'abord, puisque toutes les planètes connues jusqu'alors sont concentrées dans le zodiaque, et puisque les anomalies du mouvement d'Uranus sont négligeables en latitude, on pouvait supposer que la nouvelle planète est peu éloignée de l'écliptique. Ensuite, on pouvait également prolonger la relation empirique, dite de Bode-Titius[31], qui donne les distances respectives des planètes au soleil, d'où la supposition d'un demi-grand axe de son orbite double de celui de l'orbite d'Uranus. Cette relation, qui date de 1772, est obtenue de la façon suivante : prenant la progression géométrique de raison 2 : 0, 3, 6, 12, 24, 48, 96..., ajoutant 4 à chaque terme et divisant par dix, on obtient 0,4 ; 0,7 ; 1,0 ; 1,6 ; 2,8 ; 5,2 ; 10,0... Les quatre premiers termes correspondent aux distances de Mercure, Vénus, la terre et Mars au soleil (la distance de la terre étant prise comme unité) ; 2,8 ne correspond à aucune planète, puis 5,2 et 10,0 correspondent aux distances de Jupiter et de Saturne[32]. Deux faits confortèrent la croyance dans les vertus de cette relation, la découverte des astéroïdes entre Mars et Jupiter, et la découverte d'Uranus dont la distance moyenne au soleil est de 19,2 en bon accord avec l'extrapolation de la relation.

Ayant fait ces suppositions – ce qui signifie qu'à la théorie s'ajoute une hypothèse fondée sur une relation empirique

31. Cette relation empirique a été découverte par l'astronome allemand Johann Bode (1747-1826), puis précisée et popularisée par Johann Daniel Tietz (1729-1796), dit Titius, également allemand.

32. L'unité de longueur étant la distance moyenne de la terre au soleil dite « unité astronomique », soit 149 500 000 km.

découlant de l'observation – Le Verrier prit alors comme inconnues la masse, l'excentricité et la longitude du périhélie de l'orbite et celle de la planète à une époque donnée, puis calcula les perturbations introduites dans le mouvement d'Uranus en fonction de ces inconnues. Finalement, le 31 août 1846, il présenta à l'Académie des sciences les résultats suivants : masse 1/9322 fois la masse du soleil ; demi-grand axe, 36,1539 unités astronomiques ; excentricité, 0,10761 ; longitude du périhélie au 1er janvier 1847, 284° 45' 8" ; longitude de la planète à la même date, 326° 32'.

Il restait à observer la planète. Le Verrier s'adressa à Galle qui observait à l'observatoire de Berlin. La lettre que Le Verrier expédia le 18 septembre 1846 parvint à Galle le 23, et le soir-même Galle et son assistant d'Arrest[33], pointèrent leur lunette vers la région indiquée où ils étaient censés trouver un astre de 3 secondes d'arc de diamètre. Ce petit disque sembla absent. Mais d'Arrest suggéra de comparer le champ d'étoiles de ce

33. Johann Galle (1812-1910) et Heinrich d'Arrest (1822-1875), astronomes allemands.

soir-là avec celui d'une carte du *Star Atlas* de l'Académie de Berlin. Galle retourna alors à la lunette pour la comparaison entre les deux champs et trouva, à 52 minutes d'arc de la position prévue par Le Verrier une « étoile » de magnitude 8 ne figurant pas sur la carte du *Star Atlas* ! Le lendemain l'astre s'était légèrement déplacé par rapport aux étoiles voisines, c'était bien une planète. Le 25 septembre Galle écrivit à Le Verrier : « Monsieur, la planète dont vous avez signalé la position réellement existe. » Plus lyrique, Arago s'écria : « Monsieur Le Verrier a vu un astre au bout de sa plume ! »

La découverte de Neptune, qui marque le triomphe de la mécanique céleste, entraîna cependant une controverse. Le Verrier, extrapolant la relation de Titius et Bode, avait fait l'hypothèse que la planète à trouver était deux fois plus éloignée du soleil qu'Uranus, soit à une distance de 38 unités astronomiques. Or, Neptune n'est qu'à 30,11 unités astronomiques du soleil. Par ailleurs, Le Verrier avait affecté à la planète inconnue une masse 32 fois plus grande que celle de la terre. Or, à la fin dc l'année 1846, Lassel[34] découvrit un satellite de Neptune, Triton, ce qui permit de peser Neptune : sa masse n'est que 17 fois celle de la terre. Il se trouve que l'erreur faite sur la distance est compensée par l'erreur faite sur la masse, compensation à laquelle contribue également la surestimation de l'excentricité de l'orbite. Et il faut bien avouer que le hasard vint un peu au secours de la pure théorie et Le Verrier dut affronter ceux qui prétendirent que la découverte de Neptune là où il avait indiqué sa position était fortuite !

La découverte des « pulsars » éclaire également ce petit jeu subtil entre théorie et observation. Vivre, pour une étoile, c'est essentiellement transformer son hydrogène en hélium. Lorsque cette transformation touche à sa fin, les forces de gravité l'emportent sur celles qui sont engendrées par la combustion nucléaire : l'étoile implose et son cœur s'effondre sur lui-même. Le destin final de l'astre résiduel dépend de sa masse initiale.

Les étoiles de masses moyennes, comme notre soleil, deviennent des naines blanches ; celles dont les masses valent de 1,5 à 3 fois la masse du soleil deviennent des

34. William Lassel (1799-1880), astronome anglais.

étoiles à neutrons ; celles encore plus massives, des trous noirs.

Le problème est de savoir quelle force s'oppose à l'effondrement gravitationnel. Dans tous les cas, les conditions de température et de pression au sein de l'étoile sont telles qu'il est impossible de les simuler en laboratoire. Dans les années trente, les astrophysiciens, heureux de disposer de la toute jeune mécanique quantique, construisirent des étoiles théoriques et prédirent l'existence de ce qu'ils appelèrent des étoiles à neutrons. Pour les étoiles plus massives que le soleil, lors de l'effondrement, la gravité devient si forte que les électrons sont comme propulsés dans les noyaux atomiques, et que les protons se transforment en neutrons. Ce sont ces neutrons qui alors s'opposent à la poursuite de l'effondrement de l'étoile, d'où leur nom.

Pendant une trentaine d'années, ces théories hardies sommeillèrent dans les revues d'astrophysique, jusqu'à ce que, en 1968, les radioastronomes anglais de l'université de Cambridge détectent une véritable horloge céleste. L'objet émettait des pulsations radioélectriques d'une période très précise : 1,33730113 secondes. L'astre pulsait : on lui donna le nom de pulsar.

Or, les étoiles à neutrons des théoriciens possédaient deux particularités essentielles, une rotation très rapide et un très fort champ magnétique. Le lien entre pulsars et étoiles à neutrons fut vite noué : un pulsar devait être une étoile à neutrons dont les lignes de forces de son champ magnétique obligent les électrons à se tenir et à émettre leur rayonnement le long de l'axe magnétique. L'émission tourne en même temps que l'étoile et produit une pulsation chaque fois que cet axe rencontre la ligne de visée d'un observateur, comme le fait un phare marin.

Encouragés par le succès des étoiles à neutrons, les astrophysiciens construisirent les trous noirs comme stade ultime des étoiles extrêmement massives. Leur nom vient de ce que leur champ gravitationnel est si intense que rien ne peut s'en échapper, ni particules matérielles ni rayons lumineux, et qu'ils sont, par définition, inobservables. Ils auraient donc dû décourager les astronomes ! Heureusement, la présence dans l'espace d'objets aussi singuliers entraîne, dans leur environnement immédiat, des événements secondaires qui, eux, sont observables. Ainsi, de même qu'un bolide qui tombe en chute libre vers la terre s'échauffe et libère de l'énergie calorifique, un astre qui tombe dans un trou noir libère une fraction importante de l'énergie qu'il contient. La libération de cette énergie s'accompagne d'une forte émission de rayons X que quelques satellites artificiels ont déjà observée, en attendant de détecter, dans un avenir plus ou moins proche, les ondes gravitationnelles qu'engendrent des astres aussi denses : du travail pour les astronomes de ce XXIe siècle !

6 Oser penser l'univers

Si les astronomes ne se sont jamais bercés de l'illusion de croire qu'ils voyaient tout l'univers, en revanche, ils se sont bercés – et se bercent encore – de celle de croire qu'ils en observent un échantillon suffisamment important pour qu'il soit représentatif du Tout et pour qu'ils s'autorisent à penser ce Tout. Et pour le penser, ils se sont donné des catégories (que ce soient celles de la mythologie, celles de la théologie, de la philosophie ou des mathématiques), et ils ont toujours élaboré des cosmologies, c'est-à-dire des systèmes physiques qui décrivent et régissent l'univers dans sa totalité. Ils ont cherché à répondre aux questions simples et essentielles qu'entraîne la réflexion sur la totalité du monde : quelle est sa grandeur, quelle est sa forme, et quelle est sa durée ?

Sur sa grandeur, selon que l'on postule que l'espace géométrique est séparable ou non du monde physique, trois attitudes se dessinent dès l'aurore de la réflexion cosmologique.

Pour les stoïciens, le monde et l'espace sont deux entités différentes, et le monde physique n'est qu'une bulle finie flottant dans un espace extra-cosmique infini, vide et sans aucune propriété physique. Pour les atomistes, l'espace et le monde ne peuvent que coïncider, cette entité commune est infinie et peuplée d'atomes en nombre infini formant une infinité de «mondes». Pour Aristote, le monde et l'espace coïncident aussi, mais ils sont finis: au-delà de la petite sphère qui enclôt le cosmos, dont le rayon était modestement estimé à environ 20 000 rayons terrestres, il n'y a rien, ni vide, ni non-vide, ni espace, ni temps.

Au temps de Platon, le pythagoricien Archytas de Tarente avait déjà posé l'énigme de la flèche qu'entraîne un monde fini. Qu'arrive-t-il à une flèche projetée jusqu'à la limite du cosmos ? Rebondit-elle sur la paroi ultime du monde et nous revient-elle, ou disparaît-elle ? Mais ce n'est qu'une énigme, et Aristote pouvait répondre que la question n'avait pas de sens, puisque, justement, au-delà des limites de l'univers il n'y a ni vide, ni non-vide, ni espace, ni temps. De plus, à ce qui n'est qu'une énigme (et non pas un mystère ou un paradoxe: il n'y a pas de mystères dans l'univers, et celui-ci ne peut pas être paradoxal), Aristote oppose une impossibilité : celle des vitesses infinies. Impossibilité sur laquelle s'accordent tous les physiciens d'hier et d'aujourd'hui. Encore faut-il rappeler que, dans son cas, cette impossibilité n'était qu'une conséquence des hypothèses sur la structure du cosmos. Si la terre est immobile au centre du monde, il faut imputer la rotation diurne au ciel étoilé, mais le mouvement circulaire d'un corps infini ne peut se faire en un temps fini, or la rotation diurne se fait en un temps fini : vingt-quatre heures ; le ciel est donc fini. Le triomphe de la physique aristotélicienne « règle » la question pour deux mille ans. Elle règle aussi la question de la durée : le monde existe, identique à lui-même, de toute éternité et pour toute éternité. Une position qui interdit toute histoire de la naissance du monde.

Il faudra attendre la publication du *De revolutionibus* de Nicolas Copernic, paru en 1543, pour que soient modifiées les données physiques du problème de la finitude ou de l'infinitude du monde. Dans le système copernicien, le ciel étoilé est fixe et la révolution quotidienne doit être attribuée à la terre : l'obstacle des vitesses infinies disparaît et l'infinitude de l'univers devient envisageable. Copernic, quant à lui, ne tranchera pas et confiera prudemment le problème aux théologiens et aux philosophes de la nature, se contentant de constater qu'il est si vaste que l'on peut le dire « semblable à l'infini » (Descartes, lui, refusera de qualifier l'univers d'infini – réservant cette propriété à Dieu seul – pour le décréter indéfini). Il semble que le premier astronome à proclamer que le cosmos est infini et infiniment peuplé d'étoiles soit Thomas Digges : en 1576, lors de la réédition de la *Prédiction éternelle de son père*, Leonard Digges, Thomas y ajoute un petit appendice, *La parfaite description des orbes célestes*, où l'on trouve la traduction en anglais de plusieurs passages du *De revolutionibus* et son propre schéma d'un univers héliocentrique. On y constate un éclatement de la sphère à laquelle, pensait-on, étaient attachées les étoiles, et la dispersion de celles-ci dans l'espace infini.

Quant à sa forme, tous ceux qui le pensent fini s'accordent sur sa sphéricité. Ils ont tant d'arguments qui la justifient ! Et d'abord, la perfection de la sphère, mais, à y regarder de plus près, cet argument esthético-philosophique n'est qu'ultime et vient d'ailleurs : la sphère est le seul solide qui puisse tourner sur lui-même sans plus perturber l'espace que s'il était immobile; et, parmi les corps ayant une surface donnée, la sphère est celui qui a le plus grand volume, donc le ciel, qui doit contenir toutes choses, est sphérique. Cette propriété de la sphère fut admise dès l'Antiquité; Zénodore est le premier, probablement au début du IIe siècle av. J.-C., à l'avoir correctement formulé, mais elle n'a été démontrée rigoureusement qu'en 1844 par le mathématicien allemand H. A. Schwarz. Et pour ceux qui le pensent infini, le monde est sans forme: c'est un monde éclaté dont «le centre est partout et la circonférence nulle part», selon la formule, souvent attribuée à Pascal et reprise par Einstein, alors que Pascal la tenait des mystiques rhénans et ne fit qu'appliquer à l'univers cette périphrase de l'infinitude divine, que l'on trouve, par exemple, chez Nicolas de Cues, au XVe siècle.

Les successeurs de Copernic choisiront leur camp, souvent pour des raisons idéologiques, parfois pour des raisons scientifiques, et parfois pour les deux. Tycho Brahe, par exemple, au nom des principes de plénitude et d'économie (Dieu ne fait en vain), n'accepte pas que l'espace qui, dans le système de Copernic, sépare la dernière planète des étoiles fixes, soit devenu si vaste et vide d'astres. Mais à cette raison idéologique, il en ajoute une scientifique : à partir de calculs justes, malheureusement développés à partir d'une hypothèse fausse, à savoir que l'on peut attribuer un diamètre apparent aux étoiles les plus brillantes, il « montre » que le diamètre de ces étoiles est plus important que la distance qui les sépare. Un encombrement de l'univers que l'observation ne confirme pas ! Kepler justifiera la finitude de l'univers par le « paradoxe » de la forêt. Un promeneur dans une forêt d'extension infinie et uniformément peuplée d'arbres ne verra jamais l'horizon : où que porte son regard, il butera sur un tronc d'arbre. Remplacer la forêt par le ciel et les arbres par les étoiles, où que porte le regard, il butera sur une étoile : le ciel nocturne devrait être aussi lumineux que le ciel diurne. Donc l'univers est fini. Newton, lui, sous la pression des critiques de Leibniz et de ses discussions avec le pasteur Richard Bentley, évoluera d'une position stoïcienne à une position atomiste, acceptant finalement l'infinitude de l'univers… pour éviter qu'il ne s'effondre sur lui-même.

Dans mon activité d'historien des sciences, j'ai croisé un certain nombre de savants qui ont eu tort pour de bonnes raisons et raison… pour de mauvaises. Je n'en ai tiré aucun scepticisme pyrrhonien, ni même une suspension du jugement à la Montaigne, mais une certaine circonspection, et une allergie définitive à toutes les idéologies : elles ne sont que des ventres mous qui finissent, pour ne pas être laissées au bord de la route, par accepter ce qu'elles ont d'abord refusé. Le document, laborieusement élaboré par les théologiens à la demande de Jean-Paul II, sur la réhabilitation de Galilée (comme si un tel document pouvait aujourd'hui intéresser qui que ce fût… mais les temps sont à la repentance) est un chef-d'œuvre de tartufferie (cet honnête homme avait raison, mais, à l'époque, nous n'avions pas tort). L'adhésion à une idéologie est une démission de la pensée. Après ce couplet provocateur, mais libérateur donc salutaire, revenons à l'infinitude de l'univers.

Ce problème cosmologique ne prendra sa dimension moderne qu'à partir d'Emmanuel Kant.

On sait, par Kant lui-même, quel rôle décisif a joué l'idée d'univers dans l'élaboration de la philosophie critique qu'inaugure sa *Dissertation* de 1770 (*De la forme et des principes du monde sensible et du monde intelligible*). Trois notions engagent la raison dans une dialectique dont Kant ne la libèrera pas totalement : celle de l'âme, celle de Dieu, et celle d'univers qui diffère des deux autres. En effet, il y a des matérialistes qui nient l'existence de l'âme et des athées qui nient celle de dieu sans être pour autant obligés d'abandonner la philosophie. Mais il est difficile de nier l'existence de l'univers sans nier celle du sensible, c'est-à-dire de la source de toute connaissance naturelle, en tout cas chez Kant. C'est pourquoi chez Kant, l'idée d'Univers qui ne peut pas se libérer du sensible, ni s'y réaliser totalement, donne lieu à une antinomie. Il écrit : « C'est cela qui me tira d'abord de mon sommeil dogmatique et me conduisit à la critique de la raison pure pour faire disparaître le scandale du conflit apparent de la raison avec elle-même. » Ce sont ces conflits de la raison avec elle-même que l'on désigne par antinomies.

Disons que l'univers dans sa globalité est pensable, sans pouvoir toutefois trancher, mais certainement pas imaginable. Une conclusion qui aurait dû décourager toute entreprise cosmogonique, pourtant de nombreuses cosmogonies vont fleurir dès la fin du XIXe siècle.

Aujourd'hui qu'en est-il de la cosmologie et des antinomies ? Considérons l'antinomie des limites du monde : le monde est fini, le monde est infini. Elle reposait sur une double idée : la géométrie euclidienne est la seule qui puisse décrire l'espace réel et notre approche intuitive de l'espace limite l'idée que nous pouvons nous faire de cet espace réel.

La possibilité maintenant reconnue d'utiliser d'autres géométries et d'envisager, par un exercice assoupli de notre approche intuitive, un espace elliptique fermé, c'est-à-dire fini bien que sans limites, donne congé à cette antinomie[35]. L'antinomie de l'origine du monde (l'univers a eu un commencement, l'univers n'a pas eu de commencement) est plus difficile à évacuer. À lire la préface que Ferdinand Gonseth a rédigé pour la réédition

35. Voir chapitre 3.

de *L'Hypothèse de l'atome primitif* de Georges Lemaître, cette hypothèse la surmonte, comme elle surmonte celle des limites du monde.

« Pour y parvenir, il est nécessaire que l'analyse des moyens mis en œuvre gagne en profondeur. Rappelons-nous quelles sont les règles du jeu. À partir de conditions initiales adéquates, l'état actuel de l'univers doit être rejoint par une évolution soumise aux seules lois naturelles déjà connues et déjà contrôlées. À première vue, l'application stricte de cette règle fondamentale se heurte à une grande difficulté relative aux notions même de l'espace et du temps.

En physique classique, l'espace est une structure continue tridimensionnelle à laquelle le temps vient adjoindre sa structure à dimension unique, continue et autonome. On sait que dans la physique relativiste, ces deux structures se trouvent fondues en un univers quadridimensionnel lui aussi continu. Cet univers relativiste est le lieu des lois d'attraction et de répulsion entre les particules douées de masse et d'énergie. C'est un univers analogue qui est le siège de l'évolution cosmogonique retracée par Georges Lemaître.

Mais dans la physique quantique, la nature de l'espace et du temps se trouve profondément altérée : ce ne sont plus que des notions globales et valables seulement à la façon de moyennes statistiques. Si le monde se réduisait à une seule et immense particule, il ne pourrait plus être question d'espace et de temps ; ces notions ne s'introduiraient avec leur signification actuelle que progressivement, une fois que le fractionnement de l'atome primitif aurait engendré un nombre assez grand de particules. En d'autres termes, les règles strictes du jeu ne peuvent être observées dès l'état initial.

Pour écarter cette difficulté, il suffit de suivre l'évolution en sens contraire, en remontant le cours du temps. Le monde se resserre : dans leur tendance générale, les énergies refluent vers une condensation qui se rapproche de l'atome primitif. Mais à mesure que celui-ci reprend son existence, le temps se désagrège et l'espace s'évanouit : le problème de l'origine perd ainsi sa signification objective. L'antinomie se résout donc de la façon la plus impressionnante[36]. » Il n'en est rien. La théorie de l'atome primitif de Georges Lemaître, esquisse de la théorie du big-bang, est maintenant modélisée. D'un point de vue épistémologique, on peut distinguer trois phases de l'évolution de l'univers. La période qui s'étend d'aujourd'hui à l'époque de ce que l'on appelle la sphère de Planck est décrite, avec certes des points obscurs, mais est décrite par la physique actuelle. À l'intérieur de la sphère de Planck, quand l'univers a moins de 10^{-44} seconde, nous ne possédons pas la physique capable de le décrire, mais nous la possèderons un jour.

Quant à l'instant zéro, nous ne pouvons rien en dire : à cet instant zéro correspond, dans le modèle mathématique, un point dit singulier, ce qui signifie exactement, qu'en ce pointmême, le modèle mathématique perd sa pertinence physique. Ceux qui, pour conforter leur croyance, tiennent à ce que cet instant zéro corresponde à une création *ex nihilo* et instantanée peuvent le faire, mais ils ne peuvent nous l'asséner comme une vérité. D'autres interprétations sont pos-

36. Georges Lemaître, *L'Hypothèse de l'atome primitif* (1946), rééd. Culture et Civilisation, 1972.

sibles, et l'antinomie de l'origine de l'univers, qui, pour un cosmologiste est un scandale, nous nargue toujours.

Rien. En ce temps-là, le temps n'existait pas...

… seul, un œuf d'or flottait sur les eaux : *incipit* paradoxal et désespérant par lequel s'ouvrent tant de récits de la naissance du monde et qui aurait dû briser net ces élans naïfs et impatients de la pensée. Et pourtant, non seulement les cosmogonies sont présentes dans les premières traces des manifestations de l'intellect, mais elles y tiennent une place prépondérante, traces tant anciennes que Valéry, dans le texte qu'il consacre à *Eurêka* d'Edgard Poe, se demande si le monde est beaucoup plus âgé que l'art de faire le monde ! Mais Valéry pensait selon des échelles de temps moins vertigineuses que celles selon lesquelles les astronomes pensent aujourd'hui ; une certitude toutefois : l'art de faire le monde est aussi vieux que l'art de fixer sa pensée dans l'argile ou sur les papyrus. C'est dire que, à ses débuts, cette réflexion a pris la forme du mythe. Mais qu'est-ce qu'un mythe ? Pour la pensée occidentale, héritière en l'occurrence de la pensée grecque, le mythique a longtemps été défini par ce qu'il n'est pas : il s'oppose au réel, le mythe est donc fiction ; et il s'oppose au rationnel, le mythe est donc irrationnel, sinon absurde ! Pourtant, en grec, *mûthos* signifie « suite de paroles qui ont un sens, discours », et *logos*, « paroles, propos » ; deux sens très proches donc. Mais, par un lent glissement qui commence au VIIIe siècle et qui, avec Platon s'achève au IVe siècle avant notre ère, *mûthos* a pris le sens de fiction (le mythe est un récit merveilleux), et *logos*, celui de raison immanente (la logique est la science de la raison). Ainsi la mythologie que nous offrent Homère ou Hésiode est déjà « dénaturée » par un travail sur une matière qui leur était en partie obscure. En revanche, pour les sociétés dites « primitives », « traditionnelles » ou « archaïques », et pour les premières civilisations du Proche-Orient, le mythe est l'expression de la vérité absolue. Le mythe raconte les actes des dieux ou d'êtres surnaturels ; il raconte une histoire sacrée à des hommes pour qui le sacré est le réel par excellence : le mythe est donc l'expression même de la réalité. Ou, plus exactement, l'expression même des réalités, car le mythe dit comment quelque chose est venu à l'existence, que ce soit le monde dans sa totalité ou une plante, que ce soit une institution ou un simple savoir-faire. Et c'est parce que le mythe l'a dit que c'est la vérité : « c'est ainsi parce qu'il est dit que c'est ainsi », proclament les Inuits Netsilik.

Mais aujourd'hui ? En un temps où les mathématiques disent et prédisent le monde ? Certes, aujourd'hui, même si l'astronomie se distingue de toutes les autres sciences par le fait qu'elle est de pure observation, il est tout aussi légitime de parler d'un objet céleste que d'un objet terrestre (il y a autant d'énigmes dans une goutte d'eau que dans tout l'univers, et autant de beautés). Mais lorsqu'elle ose s'attaquer au TOUT, à sa forme et à son origine (si tant est que l'univers ait une forme et une origine), la raison devrait reculer devant le conflit où elle s'engage nécessairement.

Pourtant, à l'importun qui, insensible à l'efficace beauté mathématique des équations de l'espace-temps, s'inquiète de l'état du monde avant l'instant t_0, ou des coordonnées du point d'où tout est parti, le cosmogoniste répond, tout aussi superbement méprisant qu'Aristote, que toute interrogation physique avant la singularité de l'instant zéro est dénuée de sens physique, puisque le big-bang est justement l'entrée du monde dans le temps, et que l'univers ne s'étend pas dans l'espace, comme un vulgaire ballon dans un magasin de chaussures ou un cake gorgé de fruits confits dans un four (métaphores malencontreuses et pourtant perpétuellement reprises), mais qu'il est l'espace s'étendant lui-même. Autant dire que le big-bang s'est produit nulle part… ou partout, et qu'il n'a jamais eu lieu… ou n'importe quand. Autant dire que, du moins pour les premiers instants, nous avons renoué avec la pensée mythologique qui s'embarrasse peu des antinomies de la raison !

Un œuf ? Pour d'autres, un lotus, sorti du nombril de Vishnu, ou un tertre originel ; plus près de nous, un atome primitif, et maintenant le vide, enfin un vide, un certain vide, un vide énergétique, tremblant : le monde serait né d'un tremblement du vide. De cette explosion, catastrophe créatrice, par laquelle aurait commencé sinon le monde, du moins notre monde, de ce moment, hors de tout moment ; de ce point primordial, alpha infini où, pour un instant, en un lieu, hors de tout lieu, tous les lieux sont assemblés ; de cette singularité sur laquelle viennent buter les mots et les nombres, nul ne peut parler. Les lois physiques, ou plutôt mathématiques, qui justifient cette apocalypse inversée, restent muettes : elles perdent à ce moment-même leur énigmatique pertinence descriptive. Sur ce néant où la raison se perd, une porte d'ivoire semble à tout jamais fermée.

Après ? L'instant d'après ? Cet infime cillement aux confins du temps ? Cette ère de Planck qui ne dure que 10^{-44} seconde (vertige de l'infiniment petit, une fraction de seconde qui s'écrit zéro, virgule, puis quarante-trois zéro à la file, suivis du chiffre 1) ? Elle nous échappe tout autant que le surgissement primordial. Nous sommes sans voix. Notre physique bafouille. L'expansion était-elle déjà en marche ? Nos concepts actuels d'espace et de temps avaient-ils déjà un sens ? Et si l'espace était quantifié ? S'il était granulaire ? S'il existait un grain minimal d'espace en-deçà duquel il n'y a plus d'espace ? Mais cette tête d'épingle brûlante, portée à des milliards de degrés, à quoi semble alors se réduire l'univers, ne nous nargue que provisoirement. Un jour, une seule physique parlera de l'infiniment petit et de l'infiniment grand, le microscopique et le macroscopique seront réconciliés (j'allais écrire, comme un astronome de la Renaissance, le microcosme et le macrocosme, avec l'arrière-pensée que l'homme est un « petit monde »). Un jour nous disposerons d'une physique pour décrire cette phase éphémère du monde.

Après le sol s'affermit sous nos pas. Après commence l'histoire du monde. Du chaos des premiers instants, soupe confuse de particules primordiales inextricablement mêlées, les plus rusées, malignement neutres… les neutrinos… s'échappèrent très tôt. Mais les photons, subtils grains de lumière (ou vibrations du vide), enchaînés à leurs frères électriques, combien de temps restèrent-ils prisonniers de ce magma d'ébène brûlante avant qu'une aube indécise ne révèle le monde ? Combien de temps le rayonnement régna-t-il en maître sur le cosmos ? Combien de temps le monde fut-il si dense et si chaud qu'il en était opaque ? Un million d'années disent les uns, beaucoup moins longtemps, trois minutes, disent les autres. Mais il a bien fallu que ce règne s'achève, puisque nous voyons le monde.

Un monde qui n'est que matière et lumière. Un monde en lutte où énergie de la matière et énergie du rayonnement s'affrontent.

Un monde où l'évolution de la lumière qui se propage librement se désolidarise de l'évolution de la matière. Un monde désormais transparent, mais où les distances entre les premiers atomes, entre les particules sont devenues si grandes que toute nouvelle union est impossible. Et les photons ont encore tant d'énergie qu'ils brisent les atomes rencontrés. L'univers semble condamné à n'être que ce vague océan cosmique sans rivage, il semble s'être fourvoyé dans une impasse.

De cela, quelles preuves avons-nous? De preuves, nous n'en avons aucune! Quelques lueurs dans cette nuit originelle, quelques indices: ces photons fossiles qui, venus du fond des gouffres célestes, de leurs voyages interminables et silencieux restent éblouis et conservent la trace des temps perdus. Le rougissement de la lumière qui va croissant quand la distance croît et que nous attribuons à une fuite générale. Les abondances observées des éléments les plus légers et les plus tôt formés… hydrogène, deutérium, lithium… égales aux abondances prédites. Quelques indices qui nous confortent et nous encouragent.

Et puis, un milliard ou deux milliards d'années… nouvelle énigme… un milliard ou deux milliards d'années… l'univers est encore jeune… nouveau hiatus. Lueur d'espoir. Voilà que l'informe prend forme ; que, contre toute attente, l'univers s'organise ; que l'océan sans rivage se fragmente ; et que flottent, épars, séparés par d'immenses espaces, d'immenses nuages d'hydrogène et d'hélium. Nuages qui par fragmentations et condensations successives vont peupler l'univers de galaxies et d'amas d'étoiles, de planètes, de structures filamenteuses, globulaires ou aplaties. Une structuration inespérée qui contredit la marche inexorable vers le chaos de tout ensemble organisé, et qui serait due à des hétérogénéités de l'univers primordial, sans que l'on sache pourquoi ces hétérogénéités seraient apparues, ni pourquoi, apparues, elles se seraient amplifiées jusqu'à donner les structures denses et diverses que nous observons aujourd'hui[37].

Et nous ? Et nous ?
Nous ? Nous y venons !

37. Une partie de ce chapitre est empruntée à un texte que j'ai écrit pour le récitatif d'une composition de jazz, « Chaosmos », d'Alain Blesing, créée à Montbéliard en novembre 2004, et qui a fait l'ouverture du festival de jazz de Cluny, en août 2005.

Aux marges d'une galaxie, parmi des millions de galaxies, un nuage de gaz et de poussières, parmi des millions de nuages de gaz et de poussières, lentement depuis quelques milliards d'années tourne sur lui-même, et soudain commence à s'effondrer sous son propre poids, peut-être parce que, non loin de là, une étoile à bout d'hydrogène venait d'exploser. Et l'histoire… notre histoire… s'accélère ! Au centre de l'effondrement, la totalité, ou presque, du gaz et des poussières s'assemble et forme une étoile, la nôtre, le soleil d'où viendra toute énergie ; les infimes restes du nuage, anneaux abandonnés à l'espace par le jeu des effondrements et des refroidissements, forment les planètes, dont l'une est promise à un avenir particulier : la terre. Notre terre.

Mais la vie ?

Quoi la vie ?

La vie. Le miracle de la vie !

Quel miracle ? La vie n'est pas un miracle. La vie est une nécessité ! Elle naît des molécules organiques ensemencées dans l'espace par l'explosion des étoiles. La vie est fille des étoiles. Elle a dû naître, elle naît encore, quelque part, ordonnée autour des atomes de carbone ou… peut-être… de silicium. Elle sommeille dans les recoins de l'univers, comme elle a sommeillé si longtemps sur notre terre. La vie n'est pas un miracle, elle est une tendance de la matière.

Mais alors, l'homme est une nécessité ?

L'homme non, la vie… enfin… l'émergence de la vie, oui ! Après, la nécessité, certes, mais le hasard aussi. La vie ? Mais quelle vie ? La nôtre ou celle de la cellule unique, sans noyau ? Notre vie ou la vie de l'algue bleue ? Celle des archéobactéries disparues de la surface du globe, ou celle des vraies bactéries, dont l'*escherichia coli* peuple encore nos estomacs ? Premières formes de vie qui foisonnèrent très tôt dans l'argile du fond de l'océan, il y a quatre milliards d'années, puis somnolèrent durant trois milliards d'années pour exploser, il y a un peu plus de cinq cents millions d'années.

Car, il y a quatre milliards d'années le décor est planté, la terre a une atmosphère, née d'abord de la nébuleuse primitive qui la forma, ensuite des volcans, puis enrichie en oxygène par les premières bactéries ; elle a un océan, une croûte basaltique, des embryons de continents, vastes vaisseaux à la dérive sur la couche supérieure, plastique, du manteau du globe. Le décor est planté, la pièce va se jouer, on attend les premières molécules de la vie. Les acteurs principaux ? L'eau et l'argile. Les molécules de la vie sont des monuments qui s'édifient eux-mêmes, mais il leur faut un moule et des forces. Le premier moule, c'est l'eau associée à des minéraux comme les laves, les sables et les argiles, surtout les argiles, ces silicates d'aluminium, qui jouent avec l'eau et les molécules organiques, sont magiques, comme est magique l'eau, solvant universel et entremetteuse efficace ! Et les premières forces, ce sont la chaleur, l'évaporation, la dessiccation, l'électricité, les ultraviolets…

Mais les plans, qui fait les plans ?

Ce sont les acides nucléiques. Ce sont eux qui ordonnent la synthèse des protéines, ils en détiennent le code de fabrication. Cercles vicieux : pour livrer les plans, les acides nucléiques ont besoin de protéines particulières, les enzymes ! L'acide dépend de la protéine et la protéine de l'acide. Qui vient en premier ? Qui crée l'autre ? Cercle vicieux de la poule et de l'œuf, cercle vicieux rompu par la découverte d'un acide qui assume en alternance les deux rôles ! Tantôt acide nucléique, tantôt enzyme! Cette brique de vie qui s'invente elle-même a reçu le nom de ribozyme. Il est le créateur et le créé, l'ouvrier et l'outil, la poule et l'œuf.

En ses débuts donc, la vie n'est qu'aquatique. Les algues en sont les vedettes: bleues, bleu-vert, vertes, rouges, dorées, brunes, elles emplissent l'océan primordial. L'algue verte, la laitue de mer, aura l'audace de conquérir la terre ferme et créera les trois grands embranchements des plantes chlorophylliennes terrestres: les mousses, les fougères et les plantes à graines. La machine est lancée: inventions, collages, fusions, assemblages, sélections. Avec quelques bonds fabuleux: les êtres pluricellulaires, les éponges, les méduses et les vers. Et l'invention du sexe: chez les protozoaires, un seul parent assure toute la descendance, la cellule mère réplique consciencieusement son petit brin d'ADN et se divise en deux cellules rigoureusement identiques, des clones… sauf erreur de copie! Avec l'invention du sexe, père et mère mêlent pour moitié leur héritage, la force du métissage emballe la machine. En cinq cents millions d'années, la nature va tout inventer. À la fin du cambrien, elle a créé la petite trentaine de lignées animales qui existent encore, en particulier les cordées dont nous faisons partie en tant que vertébrés !

À la fin du tertiaire, âge géologique qui précède le nôtre, le paysage terrestre ressemble à celui que nous connaissons – même géographie, même flore, même faune – mais un grand absent le hante : l'homme. L'homme qui pourtant transparaît déjà dans une race de quadrumanes qui restent à découvrir. Et, il y a un million et demi d'années, par d'obscures histoires de colonnes vertébrales, dont les courbures se compensent, l'homme acquiert la verticalité. Un million et demi d'années que l'homme est debout. Un million et demi d'années qu'il lève les yeux vers le ciel. Mais avant pourquoi n'aurait-il pas hurlé à la lune comme les loups ? Un million et demi d'années qu'il s'interroge. Un million et demi d'années qu'il déchiffre le monde.

Tout ça, pour ça ?

Oui, ces milliards d'années, ces sommeils, ces élans, ces latences, ces réveils, ces ruptures, ces possibles oubliés, ces fausses routes, ces impasses, ces avenues soudaines ; oui, tout ça pour qu'un jour sur une agate minuscule et pâlotte, perdue dans l'infini du monde, pour quelques milliers de lecteurs, je discoure sur l'infini du monde !

Mais pourquoi, pourquoi le monde, pourquoi le monde plutôt que rien ?

Et si notre dignité, sinon notre grandeur, était là, uniquement là, si elle était dans cette dérisoire petitesse reconnue, et dans le défi de ce pourquoi, pour moi, sans réponse ?

Pourquoi le monde plutôt que rien ?

Pour rien.

Un infini… pour rien… ou si peu !

Table des matières

Collection **Sagesse d'un métier**

Déjà parus

La Sagesse du Jardinier, Gilles Clément
La Sagesse du Bibliothécaire, Michel Melot
La Sagesse du Médecin, Luc Perino
La Sagesse du Potier, Jean Girel
La Sagesse du Photographe, Fouad Elkoury
La Sagesse de l'Ethnologue, Michel Agier
La Sagesse d'une Femme de radio, Kriss
La Sagesse de la Monteuse de film, Noëlle Boisson
La Sagesse du Physicien, Yves Quéré
La Sagesse de l'Écuyer, Michel Henriquet

À paraître

La Sagesse de l'Infirmière, Anne Perraut
La Sagesse du Journaliste, Marc Kravetz
La Sagesse du Créateur de parfum, Maurice Maurin
La Sagesse de la Conteuse, Muriel Bloch
La Sagesse de l'Alpiniste, Jean-Claude Charlet
La Sagesse de l'Éditeur, Hubert Nyssen
La Sagesse de la Psychologue, Marie de Hennezel
La Sagesse du Chimiste, Hervé This